上 卷

食物改变历史

五谷兴替背后的社会变迁

罗格 著

中国工人出版社

图书在版编目（CIP）数据

食物改变历史. 上卷, 五谷兴替背后的社会变迁 / 罗格著.
—北京：中国工人出版社，2022.3
ISBN 978-7-5008-7547-5

Ⅰ．①食… Ⅱ．①罗… Ⅲ．①饮食—文化史—中国 Ⅳ．①TS971.202

中国版本图书馆CIP数据核字（2022）第027553号

食物改变历史. 上卷, 五谷兴替背后的社会变迁

出 版 人	王娇萍	
责任编辑	刘广涛	
责任印制	黄　丽	
出版发行	中国工人出版社	
地　　址	北京市东城区鼓楼外大街45号　邮编：100120	
网　　址	http://www.wp-china.com	
电　　话	（010）62005043（总编室）　（010）62005039（印制管理中心）	
	（010）62379038（社科文艺分社）	
发行热线	（010）82029051　62383056	
经　　销	各地书店	
印　　刷	天津中印联印务有限公司	
开　　本	710毫米×1000毫米　1/16	
印　　张	16.25	
字　　数	240千字	
版　　次	2022年4月第1版　2024年1月第4次印刷	
定　　价	78.00元	

自　序

距今大约 2500 年前，春秋时期。在鲁国的一次小型餐会上，孔子陪坐在鲁哀公的身旁。席间，孔子得到了一份桃子和黍米，他先是吃完了黍米，然后才吃了桃子。旁边的"肉食者们"忍不住偷笑这位落魄贵族的后裔，鲁哀公这才善意地提醒孔子说："黍子不是当饭吃的，是用来擦拭桃子的。"

孔子却郑重地回答道："这我当然知道。但是，黍是'五谷之王'，祭祀先王时属于上等祭品。而瓜果中桃子是最下等的，祭先王时连宗庙都不能进。"

鲁国那些不分贵贱、拿黍子来擦拭桃子的姬姓后人，确实已经很难体会黍曾经神秘而高贵的地位。在他们的心目中，周人的祖先栽种的稷，即粟，也就是小米，才是百谷之中的正朔。

虽然人人都说"周礼尽在鲁"，但在孔子看来，这些姬姓后人还是有着各种"非礼"的行为——可是，这位老人家所食的"古"，究竟又有多"古"？

真正以黍为"五谷之王"的时期，其实是在周之前的商。周联军在牧野决战中将商人的军队一举击溃，建立了属于自己的礼制，分封了诸侯领地。而孔子本人，却是商人微子启的嫡传后裔，他的"祖籍"恰恰是殷商遗民所受封的宋国。

这个历史长河中有幸被载入史册的小故事，透露了一个基本的事实：即便是我们最主要的粮食品种，从古至今也并非一成不变。和纵贯数千年甚至上万年的人类历史相比，人的一生实在是过于短暂，也正因此，我们往往依凭着自己舌头的记忆，去推测前人的生活和历史，却不知道哪怕只有短短 100 年时间，食物的变化也会引发无法预测的后果。许多重大事件的发生、发展、突变，可能都是食物给人类伏下的草蛇灰线。

正如历史学家尤瓦尔·赫拉利在他的《人类简史》中对于农业革命的观点："人类以为自己驯化了植物，但其实是植物驯化了智人。"食物是人类最为生物化、物质化的层面，没有食物供给我们足够的热量，人类文明显然将会荡然无存。特别是在农业革命发生以后，我们的脚步更加遵循着食物划定的边界和路径。从这个角度来说，我们所吃的一些主要食物，是值得为它们写一写"世家"和"列传"的。

人类选择栽培的主要粮食品种，其实极其有限，主要的粮食作物包括禾谷类、豆类、薯类作物，其中又以禾谷类作物最为重要。而"五谷"的组成，从夏商周到秦汉，从魏晋到明清，其实并非一成不变。从黍和粟到稻、麦，到菽（大豆）和麻从主粮中退出，再到番薯和土豆等美洲作物加入……这些变迁背后的原因以及它们引发的变化，就是本书想要探寻的问题。

在新石器时期，中国大地上出现了文明起源的关键时段——龙山时代。中原地区、长江流域、燕辽地区、晋陕高原，各种不同的文化遍地开花，不同色彩的文明曙光，划破山川河流造就的天堑与迷雾，在这片土地上交相辉映。随着粮食的充足和人口的繁衍，不同部族的人就怀揣粮仓满盈的希望，携带着黍、粟或稻的种子，向更远的地方探寻迁徙，文明与文明之间的相互交流和碰撞，不可避免地上演。

人类不同文明之间交锋时的残酷战线，往往也是大自然为食物的种子划定的结界地带。一条看不见的 400 毫米等降水量线，将华夏大地分成了东南与西北两大半壁。汉武帝刘彻和他的汉家骠骑，能使匈奴远遁、漠南无王庭，却无法让谷物突破这道自然天堑。开疆辟土的强弩止步于鲁缟，人们就会选择铸剑为犁，点开精耕细作的"科技树"。

特定的自然气候和地理环境，影响到人们种下什么食物的种子，围绕着食物的生产，人们形成了特有的劳动组织方式。这种由食物之手掌控形成的秩序，进而驱使着人们在发展中彼此交错、攻伐、交流与融合。在这个反复持续了数千年的过程中，八方先民们运用自己的智慧，像拼一幅没有样板的拼图，最终拼合成了璀璨的中华文明。

人类学家、考古学家张光直先生曾说："达到一个文化核心的最佳途径之一，就是通过它的肚子。"借由食物这条路径，过去数千年历史舞台上的光影进行蒙太奇式的组合，我们或许能够了解到，不同的历史事件为什么会在某一个时刻同时发生，进而从一个小小的角度，去触碰"我们从哪里来"这个宏大的话题。

周人翦商灭殷牧野之战的背后，实际上也是黍和粟这两种中国本土主粮的王位争夺战——商人祭祀嗜酒，而酿酒多用黍。周公用一篇禁酒的《酒诰》，斩断了商人借以和鬼神对话的桥梁。这次"五谷之王"的易位，塑造出了每一个华夏族人今后都需要遵守的道德规范。

曾经意气风发的汉武帝，在多年的征战之后，终于显露了疲态。他发布"轮台罪己诏"之后，赵过和氾胜之登上了历史的舞台，精耕细作成为中国传统农业种植的第一原则。从此，农民们将每一滴汗水都抛洒在田地里，"种植天赋"也被深深地刻进中国人的基因里。然而，"粮食不足—精耕细作—劳动力增殖—粮食不足"这个怪圈，却在长达 2000 年的时光里，让中华民族的生存一直跌宕于饥馑与温饱之间的临界点上。

这其中，还藏着许多令人着迷的问号。例如，现代栽培的小麦目前公认起源于西亚，如果从传播的路径来说，它们在中国的传播应该是由西向东。然而，通过考古发现的秦人骸骨进行食谱分析，从西周一直到战国末期，他们最主要的食物是黍、粟等碳四类植物，而非稻、麦等碳三类植物；到西汉时，董仲舒还向汉武帝报告，"关中俗不好种麦"；到北朝时，小麦种植在中国东西部的差异，甚至一定程度上催生了府兵制和关陇军事贵族……这些问题，也会在本书中进行探寻。

这本书的每个篇章，其实都只是历史上的一个小小切片，而它们之间又彼此存在着内在联系。这种内在联系，是理解我们中华民族文明精神气质形成的切入点之一。

沿着前辈们留下的路标，我小心翼翼地在史料中寻找真实故事的细节。中华文明的历史着实漫长悠远，逝者如斯夫。倘若被时间的长河裹挟，我们可能只会惊叹于那些惊涛骇浪，而不曾发现在这条大河中，每一块卵石，甚至每一颗沙砾，都会熠熠发光。

而我，就像一个在这条奔涌大河边徜徉玩耍的小孩，在河边无意中捡到这块名为"食物"的石头，细细地端详它：它的身上蒙着些曾被遗忘过的灰尘，也留着人为涂上异色的颜料，更有着众多前辈留下的琢磨痕迹。直到我把它浸润到这条大河中，我才被眼前光芒交错中上映的一幕幕光影所震撼：

在某一个时代、某一个年份，甚至某一个时刻，先民们对于食物种类的一个选择，一个为了觅食而作出的决定，可能让 300 代人的生活变得不可逆转，甚至影响了整个民族的强盛、衰弱与复兴。

这一瞬间，舌尖的种种滋味，激发了先民们留在我血液里的记忆，他们悲怆的命运、坚韧而又奋进的精神，不仅留在文字和语言中，还留在了我们习以为常的食物中。

目录

在稻黍粟大战中落败的长江文明

距今大约 4000 年前，当人类的脚步就要从新石器时代跨入新一个时代的门槛时，一个在长江下游南岸、环太湖流域盛极一时，拥有发达的稻作农业、创造出精美的玉器和各种"超级工程"的良渚文化，却突然在新时代到来的前夜不知所踪。

沿着长江溯游而上，和良渚文化一样，在长江两岸起源的中国稻作文明，也似乎在这个前夜突然由盛转衰。以黍、粟种植为生产力代表的黄河流域泛北方地区，从此长期处于中国文明的主导地位。

这依然是一个待解的宏大谜题。要解读它的神秘，其中不免交杂遗迹、神话、史籍乃至斗胆的猜测，借由这种方式，一幅巨大而厚重的大幕，在距今大约 5000 年前徐徐拉开。这一刻，九州大地上，不同地域的文明曙光，划破山川河流造就的天堑与迷雾，开始在这片土地上交相辉映。

在付出 13 年的努力、平定泛滥多年的水灾之后，禹终于成为比肩尧、舜的华夏族首领。在生命的最后 10 年里，他似乎难以安生地端坐在阳城的宫房内，感受威仪八方的至高权力。相反，他要不断地外出巡狩，一次次

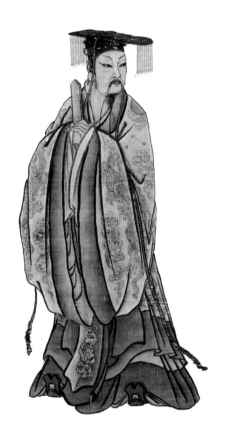

◎ 宋代马麟绘《禹王立像》

夏后氏首领，舜死后，禹即天子位，以安邑（今山西夏县）为都城，定国号为夏。作为夏朝的第一任天子，他又被称为夏禹。退位后，他传位于儿子启，自此开启了"家天下"的王权时代。

地召集天下方国首领，来巩固他的地位。

就在禹登帝位的第八年，也是他去世之前的倒数第二年，他再一次在会稽召集天下方国首领。就在这次隆重的集会上，来自东南的一个部族防风氏的首领，却迟到了。防风氏这个意外的过错，显然让禹感到被怠慢了，甚至认为这是对他权力的轻视和挑战。禹当场就下令诛杀防风氏首领，并且将他陈尸示众，以示这个天下皆是属于他的。在他的权威震慑下，天下万国归心（汉·赵晔·《吴越春秋》）。

巧合的是，在距今大约 4000 年前，当人类的脚步就要从新石器时代跨入新一个时代的门槛时，一个在长江下游南岸、环太湖流域盛极一时，拥有发达的稻作农业、创造出精美的玉器和陶器，甚至营建出各种"超级工程"的良渚文化，却从此突然不知所踪，在那个新时代到来的前夜中断了。随后在此定居的文明，竟然还出现了大踏步的倒退。良渚先民的脚印，就这样消失在文明进化的尘埃中，留下一个待解的千年谜题。防风氏部落是否就是失踪的良渚先民，也留给后人们诸多的猜想。

就在防风氏被诛杀两年之后，禹在一次东巡会稽的路上死去。华夏族的"禅让"古制灰飞烟灭，禹的儿子启，成为天下万国承认的共主，开启了一个"家天下"的王权时代（汉·司马迁·《史记·夏本纪》）。以黍、粟等旱作作物为主的黄河流域，率先成为中国农业经济和文化的中心，王权更迭、传承有序；而在长江流域的中游和下游，那些以稻作为主、星罗棋布、五光十色的文化，却从此一蹶不振，让长江文明在长达 2000 多年的时间里，都跟随在黄河文明的身后亦步亦趋。

当我们开始审视这个谜题的时候，一个犹如满天星斗、重瓣花开的龙山时代，正发出璀璨的光芒，在这个新石器聚落林立的"英雄时代"，九州大地上的先民们生存、成长、强大，而后交错、攻伐、融合或是湮灭——而这一幕幕，又要从先民们在各自脚下的土地上，驯化了稻、黍、粟这些有着不同习性的植物，跨入农业时代开始说起。

火　种

世界上许多农业起源地的前传，总是惊人的相似：距今大约 12900—11600 年之间，持续了 1000 多年的新仙女木期，中断了地球的温暖进程，进入间冰期。大量物种的消失、能够捕猎和采集到的食物减少，让人类开始在饥饿中学会了在最寒冷的冬季到来前，试着采集、保存不同的种子，作为备荒的食物。那些耐保存、热量高，最重要的是在寒冷、干旱环境中，依然能顽强生长的禾本科植物，让正在冰期中煎熬的人类意识到，它们将会是未来对抗阴晴不定的上天时，可以依赖的对象。

从距今大约 11600 年起，随着全球冰雪开始慢慢消退，地球进入了真正属于人类的全新世。雪线在山脉退却，冰川融成了河流，温暖的季风从海洋向大陆吹拂，森林的北部边缘从草原的手中不断夺回失地。正如春天回归时，静待了一个冬天的草木种子，在雨水的浇灌下重新萌发。在世界不同的角落，依靠着不同的气候环境，人类的祖先不再将自己的命运交给上天，几乎不约而同地决定告别采集狩猎的生活，开始各自独立点亮农业文明的火种。

在东亚大陆，两条由冰川融雪化成的河流，滋润了两块广袤的流域。在今天被称为黄河和长江的两条大河沿岸，先民们模仿着禾本科植物生长的样子，把它们的种子撒进了土里。在这个农耕起源的时点上，中华大地的一南一北出现了最初的农作分野。

在平原开阔、土层深厚的黄河支流两岸阶地地带，先民们从野生的野黍和狗尾巴草这两种碳四植物中，分别驯化出了黍和粟这两种作物。相比黍和粟，一种叫作稻的碳三植物，甚至在更早的时候，就得到了长江流域南岸先民们的青睐。不同地区的先民们，分别独自开始栽培稻子。

沿着长江一路向东，在中游的湖南省道县玉蟾岩，几粒碳化的稻壳和稻谷，在距今 12000 多年前的遗址中被发现，后被证实是普通野稻向栽培初期演化的原始古栽培稻类型；在江西省万年县仙人洞遗址和吊桶环遗址，距今 12000 年前的人工栽培稻植硅石被发现；在浙江省浦江县上山遗址出土的稻遗存中，分析出了兼具野生稻和栽培稻特征的稻谷和谷糠遗存……

在和稻子的比邻相居中，长江流域的先民们熟悉了它的习性，并开启了对稻子的进一步驯化。在这些不同地域但同样播种稻子的新石器时代遗址中，随着这些超过 10000 年的稻作遗存不断被发现，不同的稻作生产工具也呈现在人们眼前：在长江中游，先民们更擅长使用石锄一类的工具；而在长江下游，人们还创造出了石犁。各有特色的驯化方向和技术选择，让这些先民聚落形成了各自不同的农业形态。

但有一点相同的是，随着这些种子年复一年的生长、收割、选育和演化，先民们的家园开始走向繁荣，慢慢富足起来的他们会将更多的时间、体力和智慧，浇灌进自己的生活，创造出令人讶异的精彩。

◎ 小石斧

　新石器时期，高 5.4 厘米。

狩猎归来　　　　　　　打磨工具　　　　　　　制作陶器

◎ 远古人类的生活

　重庆三峡博物馆。

满天星斗的时代

随着全新世之前最后一次冰川消退，气温开始逐渐变得温暖。特别是在距今 7200 年至 6000 年的大暖期盛期中，高于现代 2—3℃的平均温度，在东亚大陆催生出了仰韶文化。而在经历了全新世最初 5000 年的波动升温后，海平面也在持续上升。在距今大约 5000 年前后，来自东南洋面上的湿润季风，直穿大陆，深入蒙古草原。舒适的气候下，从农牧交界地带到辽西地区，从甘青地区到中原和山东半岛，以及长江两岸，一个又一个人类聚落，快速壮大着自己的力量。

一幅巨大而厚重的大幕，在这 1000 年的时光中徐徐拉开，不同地域的文明曙光，划破山川河流造就的天堑与迷雾，开始在这片土地上交相辉映。

在长江下游的南岸河口，江水带来的泥沙沉积孕育出了三角洲，巨大的太湖此时已经完全成为淡水湖。杭嘉湖和太湖东部地区，在距今大约 5500 年前的时刻，终于海退成陆，广阔而肥沃的三角洲，成为适宜人们居住的平原。这里的人们过着种植作物，兼有采集、渔猎和饲养的定居生活；稻作已经是他们轻车熟路的技能，而且他们还懂得从河底淘出淤泥来，用作田地里的底肥；充足的热量，让他们更是学会了制作陶器、伐木造船、缫丝纺织甚至酿酒。

最令人叹为观止的是，他们还能够从遥远的山脚运来石料，堆筑出庞大的水利工程和台址，以及高大的城池和宫殿。而在台址上，他们用洁白的玉石，琢磨出丰富多彩、千变万化的玉琮、玉璧、玉钺，显示着首领的权威和天神的庇佑。这个和玉紧密相连的文化，因以杭州良渚为中心而命名，在日出的东方海岸徐徐升起。

与此同时，在阳光的照耀和季风吹拂下，九州大地就像一朵迎来绽放期的花朵，逐次张开了它的重重花瓣：辽河流域的红山文化，黄河流域的马厂文化、齐家文化、庙底沟二期文化、中原龙山文化诸类型、大汶口文

◎ **仰韶文化半坡类彩陶几何纹盆**

新石器时代黄河中游地区的彩陶文化，其持续时间大约在公元前 5000 年—公元前 3000 年。

化晚期、山东龙山文化，长江流域的屈家岭文化……这正是被称为满天星斗的龙山时代。

正如他们的先辈在各自土地上选择了不同的禾本植物一样，不管是黍、粟还是稻，随着粮食的充足和人口的繁衍，部族中的一些人会怀揣着希望上路，为他们手中的种子寻找下一块适宜播种的土地。

他们不断向更远的地方探寻迁徙，以求通过自己熟稔的耕作技术，种出更多的粮食，让自己的粮仓满盈，喂养更多的孩子。当不同的作物开始划分势力范围，文明与文明之间的相互交流和碰撞，也就不可避免地上演了。

北上！北上！

距今 5000—4000 年前，东海之滨、长江北岸，今天的江苏泰州兴化蒋庄村，这个和太湖刚好隔江相望的地方，一个先民聚落刚刚经历了一场血腥而惨烈的厮杀。

这并非和野兽的搏杀，而是一场与外族人的争斗。在这场战斗中，一位年长的聚落勇士战死了。为了告慰这位聚落的英雄，悲伤的人们砍伐了一棵直径超过 1 米的大树，为他专门定制了一个长达 2 米的船形棺木。在入葬的时候，人们用锋利的石钺，将这次战斗中俘获的 6 名战俘——砍杀，并将他们的头颅，放置在英雄的棺木外（蒋庄遗址，M158 号墓）。

而在这位英雄的入葬地四周，是他无数族人的墓地。他们之中死于外族仇敌的人比比皆是：有的失去了自己的手掌，有的失去了自己的手臂，有的甚至连头颅也没能和躯干一同入土，其中有 2/3 还是年轻的勇士。而陪伴在他们身边的，是有着鲜明良渚文明特色的玉器、陶器和石器。

出乎意料的是，向着远方扩张的良渚人，倚仗自己的造船技术，已经成功地突破了长江天堑，并且在北岸建立了一个牢固的桥头堡。以这些北岸桥头堡为基地，良渚人带着他们的稻种，跟随着季风方向继续北进，踏入了大汶口文化先民的领地。而在这里，大汶口先民们最为擅长的作物，则是黍和粟。

北上的不仅仅是良渚人。在长江的中游，屈家岭人以江汉平原为中心，带着他们的稻种，沿汉江溯流而上，逐次撒播到鄂西北、豫西南地区，一直抵达南阳盆地。这些在后来被称为"三苗"（中国上古传说中黄帝至尧舜禹时代的部落名。又叫"有苗"。主要分布在今长江中游以南一带。）之民的人们，将自己的领地扩大到西至洞庭湖、东到鄱阳湖，向北抵达伏牛山南麓的雉衡山（汉·刘向·《战国策·魏策》）。

在这里，他们已经一脚踏上了传说之中的华夏族腹地。

此时，沿着这两条北进的路线，南方稻作文化集团与中原的旱作（黍、粟）文化集团，两股势均力敌的力量终于迎头相撞。长江与黄河中下游相夹的肥沃土地上，迎来的是征服还是融合？

对峙与共生

或许是季风带来的雨水更眷顾东部沿海，良渚先民的脚步一直抵达至今天江苏北端新沂的花厅地区。甚至在大汶口先民控制的山东半岛东南沿海，原本由黍、粟占据的土地上，稻子也逐渐为自己争取到了一席之地。包括江苏北部到山东在内的海岱地区，稻子和黍、粟形成了混作态势。甚至在数千年之后，考古学者在山东龙山文化的遗址中发现，稻谷的数量和分布密度一度还超过了粟类作物，占据了更加重要的地位。

　　也就是说，尽管在良渚先民北上迁徙的路途中，避免不了残酷的刀光剑影，但他们带来的种子、耕作方式、手工业技术，都已经开始和旱作地区的先民们交流，包括他们的血统和信仰，都可能实现了一种融合与共生，如良渚文化的玉琮上，出现了与大汶口文化相似的台形与日月形图案，甚至有了良渚玉鸟和台形图案结合的刻纹。

　　而在稻作集团北上的西线，面对在卧榻之侧不断推进的"三苗"之民，警觉的华夏族果断选择了开战。

　　尧率其部族顺丹江而下，发起了进攻，"三苗"之民则利用有利地形据守。在丹江与汉江的交汇口，双方发生了决战（先秦·吕不韦等·《吕氏春

◎《大舜孝感动天》

　　明 仇英绘。舜的父亲脾气古怪，继母对他也不好，其同父异母弟弟象，常常诬陷舜，而舜却总是以德报怨。舜每天都要去历山耕田种地，他的孝行感动了上天，所以在他干农活时，会有大象和小鸟来帮他耕地播种。尧听说舜的事后，很是感动，把两个女儿嫁给了他，最后还把天下禅让给了舜。

◈ 舜子耕田砖

　　北宋，高 19.5 厘米，长 26 厘米，宽 3 厘米。画中表现的是舜在播种的场景。

◈ 白陶鬶

　　新石器时代大汶口文化（距今 6500—4500 年）郸城县段寨出土。河南博物院藏。

秋·召类》）。但这一战，双方谁都没有取得决定性的胜利。

很快，尧的接班人舜，采取了双管齐下的政策。舜持续对"三苗"之民保持进攻，阻挡他们继续北上的步伐（汉·刘向·《战国策·秦策》）。面对依然不肯屈服的"三苗"之民，舜身旁的禹已经坐不住了，试图再次发动进攻。但舜告诉禹："德行不深厚却使用武力，这不是个正义的办法。"或许可以用"执干戚舞"的美德，代替武力来感化敌人（先秦·韩非·《韩非子·五蠹》）。

但事实证明，文明之间的冲突，无论是暴力还是安抚，都无法从根本上遏制对手对于生存空间的渴求。"三苗"之民依然活跃在这片土地上。不过，对于"三苗"之民来说，华夏族再三的压制，将战线始终维持在以南阳盆地为中心的战场上，形成持续不断的拉锯争夺态势，南方稻作集团北上拓殖的脚步，在西线似乎陷入了停滞。

或许正是因为稻作集团东西两线的不同境遇，从华夏族和"三苗"之民拉锯的南阳盆地，经过河南中部，直到山东东南地区，在这样一条西南—东北的地带上，形成了稻作和旱作难分伯仲的混作区。在这一区域的以西和以北，则是稻迹罕至。

而这样一种对峙和共生的分野，将会在下一次划分九州势力范围的战争中，显露出它的冥冥之力。

洪水下的博弈

事实上，舜、禹之时华夏对于"三苗"的扩张感到紧迫，还有一个可能的原因，即突然恶化的自然环境。寒冷、地震，以及水旱灾害的袭来，对人们的生存空间造成了压迫。

龙山时代早期和煦湿润的气候，在持续了几百年后，又一次中断了。距今大约4500年前，东亚、印度和非洲三大季风地区的季风强度明显衰退，北大西洋地区出现明显的降温，山地冰川开始重新活动，气候变得凉干，

⊘ 龙山文化红陶鬶

高 39 厘米，口径 11.9 厘米。鬶是龙山文化
最具特色的器物种类之一。北京故宫博物
院藏。

⊘ 龙山文化红陶鬶

新石器时期中原龙山文化（距今 5000—
4000 年）。河南省漯河市郾城区郝家台出土。
河南省文物考古研究院藏。

⊘ 双耳算流灰陶壶

1959 年河南省汝州市出土。河南博物院藏。

海侵重新席卷而来，全新世的适宜期告一段落，一个新的小冰期到来了。

借由上天的眷顾，龙山时代的中早期，中国先民们已驯化出热量充沛的作物，在宁静而富饶的土地上，他们磨制锋利的石器、雕琢精美的玉器，甚至开始冶炼青铜。但他们显然还没有足够的能力认知和对抗自然的变化。他们的惶恐不安，留在了一个个上古时代口耳相传的神话中。而最让人记忆深刻的，就是尧、舜、禹时代的九州洪水。

史前的洪水，在整个黄河流域、长江中下游地区，留下了大量沉积遗迹。面对洪水的袭击，以黍、粟为主的黄河流域旱作文化，显然受到了更大的生存威胁。除了集中巨大的力量投入治水之外，他们更不容许外族踏足自己的领地。相反，从某种程度上说，洪水泛滥后留下的淤泥，似乎对稻作文明更为有利。

"三苗"之民的态度，更是进一步引起了禹的警惕，他告诉舜，在治水中，"三苗"不肯服役，应当留心（先秦·《尚书·益稷》）。事实上，在此前的武力和道德感化都未能成功的情况下，华夏族已经下定决心，必须拼死抵挡，乃至征服不愿合作的"三苗"之民。同样，也只有征服他们，华夏族才能全身心地投入治理洪水、守护自己播种着黍、粟的家园。

华夏族付出的代价是巨大的。甚至连舜本人，也在南征"三苗"时道死苍梧（汉·刘安等·《淮南子》）。为了彻底解决"三苗"之患，舜的接班人禹，还必须解决一个后顾之忧——来自东方的潜在威胁。

禹得到了东方部族的承诺，禹攻击"三苗"的战端一开，他们将会选择旁观（汉·刘向·《战国策·魏策二》）。对这个已经接纳稻旱混作的地区来说，他们手上的选择是双份的，嗅到了最后决战气息的他们，一定不能站错队。

神秘的人面鸟身神

就在这个自然环境变化多端的多事之秋，一场突如其来的严重灾害发

◎ 少昊

古代传说五天帝之一，主司秋。传说少昊是黄帝和嫘祖之子。在他降生之时，空中飞来五只彩色凤凰，落到他家院里，因此他又被称为凤鸟氏。后来，他所在的部落逐渐将燕图腾转变为以凤鸟为图腾。

生在苗地。天空中降下了血红色的大雨，本该炎热的夏季却突降冰雪，大地剧烈地震动，泉水从地下汹涌而出，甚至连太阳都昼伏夜出，颠倒了黑白（《竹书纪年》）。

这是上天赐下的良机。在挥师南下之前，禹发出了誓师的檄文："天下的人们啊，这并不是我横行作乱，而是这些'三苗'之民蠢蠢欲动，因此上天给他们降下了惩罚。"（先秦·墨子·《墨子·兼爱下》）

最后的决战战场上，双方正在做绝命的搏杀，突然之间，战场上空雷电交加，一位人面鸟身的神奋力张弓，一箭射杀苗军主将，苗师大乱而败。从此，"三苗"部落逐渐衰亡（先秦·墨子·《墨子·非攻下》）。

这个人面鸟身的"神"会是谁？他又为什么在决战之时，才突然出现在战场上，用致命的一箭彻底决定了胜负天平？答案或许就雕刻在良渚人的玉器上。

就在那一箭划破长空 4000 余年后，太湖南岸。杭州余杭良渚古城遗址反山墓地中，人们在 M12 号墓发掘出土的玉钺之王，以及玉琮等随葬玉器上，发现了一个"神徽"图案——神人兽面纹。

一位神人兽面戴着硕大羽冠、方面环眼的羽人，浑身布满了卷曲的云纹，他的双臂像鸟翼一样张开，双腿曲屈，驾驭着一个怒目圆睁的兽首，而羽人的双足像鸟爪一样盘于兽首下方。这个鸟身人面、面状方正的羽人，与《山海经·海外东经》中记载的东方句芒的形象高度吻合，而句芒正是传说中东夷少昊氏族部落的后裔。

以鸟为图腾，在东方部族中极为常见。在《山海经》中，东南方有一个长着人首、身披鸟羽的羽民国。如果说半人半鸟的叙述还带着神话色彩，那么在山东海曲，一个叫作"鸟夷"的部族形象则更为现实：他们的服饰与行为，都极力地模仿鸟类（汉·班固·《汉书·地理志》）。

巧合的是，盘踞在长江下游东南方向的良渚人，终其千年兴衰历程，都孜孜不倦地在他们的玉器上留下鸟的痕迹。不管是圆雕玉鸟，还是刻画的鸟纹，都意味着鸟在良渚先民的心目中有着特殊的崇高地位。而那枚刻画在象征着军权的玉钺上、半人半鸟的神人兽面纹，或许正是良渚乃至东方部族联盟军队的徽章。

一个大胆的猜想是，来自东方的部族联盟，或许就在决战的最后一刻，终于作出了选择：倒向华夏族。曾经跋山涉水、披荆斩棘一路向北的经验告诉他们，只有选择融合与共生、携手合作，才能让各自文明的种子得到最好的撒播。

此刻，他们决定不再旁观，这支高举着神人兽面纹战旗的战略预备队，出人意料地出现在战场上，一举压垮了苗师。

湮 灭

然而，就是这样一支起到决定性作用的同盟生力军，却最终和龙山时代林立的万邦一样，在随后开启的新时代中，被抹去了姓名，从此只以一个神话的姿态，成为证明王权有德的传说。

东方部族联盟在最后关头选择了合作，恐怕不只是一次战略上的投机，很有可能也是迫于生存的压力。这一次自然环境的突然恶化，绝不仅仅侵

◈ 禹王治水

选自明代仇英的《帝王道统万年图》。上古时期，黄河流域洪水为患。禹主持治水后，经过周密的考察，他发现龙门山口过于狭窄，汛期时洪水难以通过，而黄河则淤积严重，流水不畅。于是，他疏通河道，拓宽峡口，让洪水能更快地通过。

害了中原地区、黄河下游和长江中游，长江下游的三角洲地区显然也未能幸免。

这时，曾经一路高歌北上的良渚先民，正在遭受大自然连续的打击和摧残。曾经因为海退而形成的陆地，此刻正在遭受海平面重新上升带来的海侵；最高上升了3.8米的海平面，也让陆地水位水深加大，这让良渚先民们聚居的地区，由此前的大面积平原重新成为河湖、沼泽。在汹涌的涝灾袭击下，他们的良田被冲毁，居所被冲塌，囤粮和牲畜被席卷而走；与此同时，在距今4300年左右，良渚文化分布区内也和其他地区一样，遭受了一次强降温，这是整个全新世适宜期结束的标志。

持续不断的自然灾害、凉干气候的来临，显然对稻作生产造成了不利的影响。以食物生产为基础的生活，带来了人口的急剧增长和自然资源的减少，农田取代了森林，也让先民们在自然灾害面前的抵御力进一步下降。

生存压力之下，正如出现在良渚文化核心地域的防风氏部族接受了禹的召集一样，良渚先民们，以及东方部族联盟选择了合作，加入大禹治水的阵营。

然而，以铁腕方针攻灭"三苗"的禹，此时已经积聚了巨大的能量。他要借着此时抵达巅峰的部族实力和个人威望，平定整个龙山时代万邦林立的局面。而会稽会盟迟到的防风氏，正给了他立威的最好借口。平定洪水之后，在禹的率领下，华夏族平定了九州大地上"千八百"个古国（汉·刘安等·《淮南子·修务训》），而防风氏，显然是被消灭的众多小古国之一。

尽管防风氏和良渚文化，可能并非完全等同的关系，但他们却几乎在同一时间一起消失在了环太湖流域。距今5300年至4000年前存在过的良渚文化，在它的鼎盛时期，其文明的灼灼其华，曾经照亮了九州大地的东方，却在此刻无奈地由盛而衰。良渚先民们向着文明飞奔的脚步，突然永远地停留在了新石器时代，他们充满生机的文化从此中断。

即便是后来这片土地上又兴起了马桥文化，却也很难找到良渚文化曾经的面貌，甚至在一定程度上还发生了倒退。再其后，夏商两代1000多年的时间里，这片土地上一直人口稀少，经济欠发达。在更广的空间上，以稻作为基础的长江流域中下游陷入了长时间的发展停滞。直到春秋时期，分别占据长江中游和下游的楚国和越国，依然被视为华夏文明圈的边缘地带。

在先民们曾经挥洒汗水、收获稻香的土地上，良渚文化和马桥文化的遗址层之间，只留下了厚厚的、空荡荡的、被大洪水侵袭过的淤泥堆积痕迹。

九色拼图

事实上，几乎是以防风氏之死为标志，新石器文化交相辉映的龙山时代宣告走向终结。其间，南方稻作文明集团从此一蹶不振，而播种黍、粟的中原旱作文明地域则一统四方，占据了权力中心。

虽然禹在平治洪水成功后，曾命令伯益分给民众稻种，在洪水退却后留下的低湿地区播种（汉·司马迁·《史记·夏本纪》），但这只说明华夏族对稻作存在一种默认，并不意味着稻作文明部族能够在中原取得一块立足之地，并重建本族的文化。作为天下部族联盟的首领，禹以"别九州"指导农作物种植结构的形式，划分并确定了稻作和旱作的势力范围：

位于黄河下游的青、徐 2 州为稻旱混作区，长江中下游的荆、扬 2 州为稻作区，而其余 5 州都是以黍、粟为代表的旱作农区（《禹贡》）。从另一个角度来说，黍和粟这些旱地作物，借由华夏族之手，在九州大地上牢牢占据了绝大部分空间。龙山时代稻作农业从长江流域向北传播的情景不复存在，黄河流域泛北方地区从此长期处于中华文明的主导地位。

凭借着这种优势，大约公元前 2070 年，禹的儿子启威服天下，掌握了最高权力，这是中国史书中记载的第一个世袭制朝代夏的发端。九州大地上，第一次出现了高度发达、有着强大辐射和控制力的广域王权国家。至此，中国的文明和历史进入了一个全新时代。

◈ 新石器时代 西阴村蚕茧

这是中国考古最早发现的茧壳。考古队在山西省南部夏县西阴村进行考古时，在彩陶碎片下挖掘出这件残蚕茧，距今约 5600 年。

◈ 石斧

夏代（公元前 2070 年—公元前 1600 年）。河南省偃师市二里头出土。河南博物院藏。

◈ 夏朝陶制酿酒器

河南省偃师市出土。河南博物院藏。

在王权的打击和控制下，那些曾经犹如重瓣花开、满天星斗的多元文化，一一走向沉寂。但八方先民们远去的身影，却像散落的明珠一样，总能在未来的日子里，于中华文明的浩海中，闪耀出自己的光芒。

正如湮灭在历史中的良渚文化，他们的礼器、武器、工具和装饰品，都被胜利者缴获和使用；他们掌握的犁耕、缫丝、凿井、治玉等先进技术，也被胜利者接纳和利用。

在夏商时期，中原地区原本从仰韶时代到龙山时代几乎很少出现的玉器，突然如雨后春笋般冒了出来。无论是形制还是加工技术，都能找到和各地文化玉器的渊源关系，甚至于，他们也像曾经的良渚先民一样，对玉产生了迷恋和崇拜，并且一直延续到今天。在由新石器时代迈入青铜时代的过程中，先民们创造的各色各样的物质和精神因素，最终被中原华夏族吸收、同化和融合，就像一幅巨大的拼图，共同拼合成了璀璨的中华文明。

同样，在这片多元融合的大地上，无论是稻、黍、粟，还是菽、麦、高粱……它们也和人们互相选择和接纳，共同喂养、驱动着中华文明，踏上了 5000 年的伟大历程。

粮食王国的王位之争

    黍和粟，这两种由华夏先民最早驯化的粮食作物，是北中国粮仓里的"双子星"。然而，在商人和周人不同的精神世界中，它们分道扬镳，驱使着商人和周人最终走向决裂和厮杀。

    在距今3000多年前的一个初春清晨，朝歌城外的远郊旷野，存在了近600年的商王朝，仿佛春日的朝露一样，随着太阳的升起而消散。商人和天帝鬼神对话的那座桥梁被斩断，曾经的"五谷之王"——黍，也被拉下了神坛；而稷（粟），却从此成为国家的象征。旧的世界从此被荡涤干净，一个全新的人间品格模板，开始刻进了每一个华夏后裔的骨血中。

    公元前479年二月，73岁的孔子病逝，葬于鲁城北泗水岸边。鲁国国君鲁哀公，发出一句悼词：失去了仲尼先生，我就失去效法、学习的对象了啊（先秦·左丘明·《左传·哀公十六年》）。不知此时此刻，这位始终都没能按照孔子的理想去执政的国君，是否会想起那些年孔子教诲他的点点滴滴。

    那是在一次小小的餐会上，在鲁哀公身边侍坐的孔子，得到了一份桃

◎ 孔子

春秋时期著名的政治家、思想家、教育家，也是儒家学说的创始人，他的「仁义」「德治」和「君以民为体」等儒学思想对人们影响至深。他被评为「世界十大文化名人」之首。

◎ 灶神

自古到今，祭灶神一直是中国民间影响极广的传统习俗。在古代，家家都设有"灶王爷"神位。人们尊称他为"灶君司命"，在道教神仙体系中，负责管理每家的灶火，因而被举为灶火保护神，受千万家供养。这寄托了劳动人民期望被神明保佑、辟邪除灾的美好愿望。

子和黍米。孔子先是吃完了黍米，然后吃了桃子，而旁边的人都捂嘴偷笑着。这位落魄贵族的后裔，在这些鲁国的"肉食者们"看来，简直是个"乡巴佬"。鲁哀公这才善意地提醒孔子说："黍子不是当饭吃的，是用来擦拭桃子的。"

不想，孔子却回答道："这我当然知道。但是，黍是'五谷之王'，祭祀先王时属于上等祭品。而瓜果有六种，桃子却属于最下等的，祭先王时连宗庙都不能进。我只听说过，君主用低贱的擦拭高贵的，没听说过用高贵的擦拭低贱的。现在用'五谷之王'的黍，去擦拭瓜果中最下等的桃子，这是用高贵的去擦拭低贱的。我认为这有害于礼义，所以不敢把桃子放到黍之前来吃。"（《韩非子·外储说左下》）

老人的这一番话，或许正是为了告诉这些傲慢的贵族们，即便是曾经礼乐传统最浓厚的鲁国，"礼乐"也已经崩坏得不成样子了。而"悠悠万事，唯此为大，克己复礼"正是孔子多年来奔走呼号，希望拯救这个"堕落"社会的目的所在。

然而，吊诡的是，自战国以后，所有"以周为名"的祭祀礼仪中，稷（粟）才是被中国历朝历代君主奉为至高无上的粮食，周人的祖先"后稷"被尊为"农神"，稷则被尊为"五谷之王"，代表了人民安身立命所必需的全部农作物，并和"社神"一起，成为国家政权的象征；而在姬周时代，冠、婚、丧、祭、乡、射、朝、聘等各种礼仪中，黍和稷几乎是相提并论的（先秦·《仪礼》）；令人意想不到的是，真正以黍为"五谷之王"的时代，恰恰是那个在牧野决战中被周联军一举击败的殷商。

事实上，最终将曾经的"五谷之王"——黍推下五谷神坛的，恰恰就是孔子心目中的"理想时代"——西周。

粮仓里的"双子星"

在大约12800年前，一场突如其来的严寒袭击了温暖湿润、生机勃勃的地球。几乎在10年之间，地球的平均气温就下降了大约7—8℃（即新仙女木期）。在整整持续了大约1300年的低温中，那些适应了温暖环境的史前大型动物纷纷消失，还在依靠狩猎和采集生活的人类，显然也遇到了饥饿的威胁。

就在寒冷和饥饿的双重打击下，人类将目光投向了身边那些原本毫不起眼，此时却依然茂盛、无处不在的低矮植物。在东亚大陆，进入人们视线的，是两种典型的碳四禾本科植物——野黍和狗尾巴草。即便是在雨水缺少的春天里，它们也能发芽，而且在短短的几个月里就能长得到处都是。在饥饿难耐的时候，它们穗上结出的种子，似乎也值得尝一尝是什么味道。

大约在10000年前，在黄河流域的广袤大地上，先民们从野生的野黍和狗尾巴草中，最早驯化出了黍和粟这两种作物。黍就是糜子，去皮之后叫作大黄米；而粟去皮后，就是小米。它们的种子，大约只需要自身重量1/4的水分就能发芽，在贫瘠哪怕是略有盐碱的土地上也能生长。

◈ 莠

狗尾巴草。选自《诗经名物图解》，细井徇绘。

◎ 宋《写生草虫图》

画中绘了蝴蝶、蜻蜓、蚂蚱，昆虫使画面充满了动感，与狗尾巴草动静结合，营造了生动和谐的氛围。

这是属于东方的农业革命，它们一点儿也不亚于在地球另一边被驯化的单粒小麦。从某种角度上说，中国的文明，从此注入了黍和粟，以及其他各种各样的种子，并在这片土地上萌发。

黍和粟，就在粗糙的陶器中相依相存着，度过了数千年。直到有一天，它们开始分道扬镳，并为了竞争"五谷之王"的桂冠，驱使着人类展开了一场厮杀。

刻在甲骨上的"五谷之王"

所有的帝王都习惯将前朝的覆灭，归罪于帝王昏聩、得罪了天神而降下饥荒灾祸，导致民不聊生，然而，商王成汤在攻灭夏朝后的最初几年就遭遇了难以向民众解释的难题：上天降下大旱，导致土地里的收成连续五年都受了严重的减产，百姓嗷嗷待哺。成汤让贞人（执掌用龟壳占卜的巫官）占卜，贞人告诉他，要请上天饶恕，只能用活人祭祀。

听罢贞人的话，商王成汤面对桑林起誓：请天帝鬼神们，不要因我一个人犯下的罪而伤及无辜的民众。他剪去了自己的头发，走上了祭坛，决定以自己的身体向上天换回天下的太平。就在此时，天降甘霖，就像当年商军在鸣条之野的雷雨中挥戈前进那样，成汤和他的国家都转危为安了（先秦·吕不韦等·《吕氏春秋·季秋纪》）。

不管这是一个巧合，还是后人的凭空想象，商人的确相信，正如人间需要一位站在权力顶峰的君主一样，天上也存在着一位至高无上的帝，主宰着大自然的风雨雷电和万物生长，而人世间的一切都取决于上天、神灵与祖先的选择。历代商王都坚持向天地、山川、祖先之神不停献祭，并且大大小小的事，都要让贞人用龟甲和兽骨占卜，毕恭毕敬地向天上的帝询问凶吉。

正如商王成汤以身献祭求雨以求活民的故事一样，商人各种占卜中最重要的事情之一，就是向天帝询问土地里的收成。在商人统治的中心区

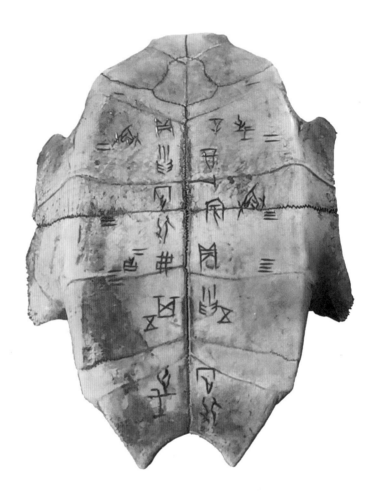

◎ 龟甲甲骨文

　　甲骨文，是中国的一种古老文字，又叫"卜辞""龟甲兽骨文"等。中国商朝晚期皇室用于占卜或记录，在龟甲或兽骨上刻的文字。是目前中国已知最早的成熟汉字，出土于河南省安阳市殷墟。

◇ 商汤桑林祷雨

成汤，商朝的开国国君。商史记载，成汤时期，天下大旱，灵台官说需要人祭求雨，才能下雨。商汤不忍心，于是把自己弄成祭品的样子祈雨。由于商汤祷告心诚，感动了桑林之神，遂降下大雨。

域——亳，气候温暖湿润，森林密布，湖泊星罗棋布，在这宜人的自然环境中，商人们栽种了多种多样的农作物，黍、粟、稻、麦、菽等不一而足。不过，此时此刻，他们手中还只是耒耜这样的古老农具，"看天吃饭"也是他们劳作中的主题。

他们深知雨水充沛与否，与丰歉息息相关。于是，贞人手中的龟甲会一次又一次地向他们传达天帝的意见："雨足年""不雨，受年""雨不足，为年祸"……而在商人的作物中，与这些询问雨水和收成的卜辞联系最多的，就是黍。

在甲骨文卜辞中所有关于农作物的文字中，"黍年"就有 111 条记载。这些被刻在龟甲上的图形，就是一株禾本植物，长长的根扎入泥土中，两条或者三条垂穗，充满了对丰收的渴望，有的还在一侧附加了"水"字。"黍年足有雨"，或许是商人一年当中最为期盼的福音。为了让神灵更加眷顾自己的耕耘，商人还要在种黍时节用前一年的陈黍进行祈求丰收，收获之后还要"献新黍"，向神灵报告这一年的收成。

然而，千万不要被商人这些看似执着于土地和粮食的虔诚所迷惑，祖先的故事让他们相信，以人的鲜血为盛馔，才是取悦天帝、鬼神和祖先们最好的祭品。

人牲越来越少了

大约公元前 13 世纪，洹河北岸，王族陵区。一队浩浩荡荡的人马从王城出发，向这里缓缓行来。这里与对岸的商族宗庙隔河相望，共同庇佑着东面都城中的王族和商人们。

这一天，商朝的第二十二任君主、商王武丁将在王陵下葬。这位商人最为爱戴的王之一，在他长达 59 年的统治中，亲自带领着商人出征，征服了朔方、土方，用长达 3 年时间抵御住了鬼方，击败荆楚、夷方、巴方、蜀和虎方。他还派出妻子妇好，带领重兵击败羌方，俘获了大批羌人。这

⊗ 商王武乙贞问祭祀先王刻辞卜骨

　　牛胛骨，长 16.2 厘米，宽 6.5 厘米。武乙，商朝第二十七任君主。北京故宫博物院藏。

◎ 梦赍良弼

出自典故《尚书·商书·说命》。选自《帝鉴图说》之上篇《圣哲芳规》。讲的是商王武丁梦见忠臣并寻觅忠臣的故事，这个被寻觅的臣子就是我们耳熟能详的"举于版筑之间"的傅说。武丁在位期间，勤于政事，任用贤臣，使商朝政治、经济、军事、文化得到空前发展，史称"武丁盛世"。

一连串战争，将商朝统御下的版图扩大了数倍。

这样一位王朝中兴之主，在他去往另一个世界的时候，理应得到后人们最为丰厚的祭品，并期待他和天帝、鬼神们一起，庇佑族人。当王在墓底中心沉沉睡去，早已被背绑着双手的人被带到了墓道周围。他们或许是战争中的俘虏，或许是商王的奴隶，但在商人眼中，他们和牛、羊、猪一样，只是用来献祭的牺牲品。

这些牺牲品一队一队地被牵到墓道来，面向基坑，肩并肩地成排跪下，他们中间，有许多人甚至还没有成年。负责献祭的执行者，按照顺序一一将他们的头颅砍下，然后一把推倒在墓道中，随后填上泥土。就这样每隔一两层杀殉一批人，商人们相信，只有大量地使用人殉，才能配得上这位王所创下的辉煌盛世……

直到近 3000 年之后，后人们在这座已然被破坏的庞大陵墓中，发现了多达 225 具杀殉的人骨（殷墟王陵遗址 M1001 号大墓）。与之相应的是，这位中兴之主的时代，有甲骨记载的人祭，共有 673 片，卜辞 1006 条，祭用人数达到 9021 人，还有 531 条没有记录人数，其中人殉最多的一次，达到了 500 人。武丁时代，也因此成为人祭最多的时期。除了人殉之外，商人在日常营建宫殿、房屋地址时，也习惯将人埋入基址来祭祀，以期安居。

不过，商人记忆中如此盛大而令人振奋的祭祀，在商王武丁的葬礼之后，很快就迎来了一个不一样的声音。

商王武丁死后 7 年，他的次子——商王祖庚也很快病故。祖庚的弟弟结束了在民间的生活，回到王都即位。面对父亲创下的盛世，新的商王祖甲更愿意相信他在民间所感受到的，用更世俗的方式来显示自己的虔诚。他创造了"周祭"之法，从每年第一旬甲日开始，按照商王及其法定妻子的世次、庙号的天干顺序，轮流用 3 种祭祀方法，以旬为单位，从商王先祖一直祭到先王。

按照这样的祭祀谱，商王几乎是每天必祭，日复一日、年复一年地大规模祭祀祖先。武丁时代之前，商人祭祀的对象极为庞杂，占卜的问题也无所不包，而"周祭"法所要祭祀的范围却大大缩小了，不仅是对王族的其他旁支祖先，连对天帝、鬼神的祭祀也减少了。而在祭祀的牺牲品上，在祖庚、祖甲时代，甲骨卜辞中有统计的祭用人数降到了 622 人，另有 57 条卜辞未记人数。

人牲的鲜血，似乎已经不再是天帝、鬼神和祖先最为热衷的祭品了。商人祭祀的祭品开始转向了另一样世俗中常见的东西——酒。

"酒池肉林"背后的秘密

事实上，在商王祖甲按照世俗的方法去改造商人的祭祀制度之前，这种变化就已经开始萌芽了。就在商王武丁在世时，跟随其久历沙场、战功累累的贵族禽，就有一次因为饮酒过度而导致患病，只能请贞人占卜，看是否还能跟随武丁办理公务。

酒，在商代贵族的心目中本来就不是一种普通的饮品，他们把酒作为和鬼神、祖先沟通的桥梁，在酩酊大醉之中，他们会感到超自然的力量。于是，商人最重视的作物黍和作为祭品的酒，就更加紧密地联系在了一起。

黍舂出的大黄米，是商人主要的粮食，也是他们酿酒的优质原料。商人对黍的需求几乎是依赖性的，贞人会不断地根据商王的指令，占卜黍的收成以及是否会影响用酒。在一块只有 4 条卜辞的龟甲上，占卜是否黍年有足雨的次数就有 13 次，而占卜是否影响到王用酒的，又有 18 次（《甲骨文合计·10137》）。

随着商王祖甲用"周祭"法改变了过去祭祀的规则，他的后代们也就愈加对天帝、鬼神失去了畏惧。为了否定天神的存在，祖甲之孙——商王武乙，竟然以木偶为天神，和它对弈决胜，在得胜之后，还让人羞辱了这个"天神"；武乙还在羊皮袋里灌满血，挂在高处用弓箭射穿，并美其名之曰"射天"（汉·司马迁·《史记·殷本纪》）。

与此同时，商人用于祭祀的青铜礼器也更加向酒靠拢。在商王武丁的妻子妇好入葬时，她身边的 210 件青铜礼器中就有 138 件酒器。从四羊方

⊚ **革囊射天**

选自《帝鉴图说》之下篇《狂愚覆辙》。商王武乙用革囊盛血，挂于高处，"射天"，以彰显其威武。这个典故表现出武乙的暴虐和荒唐行为，是为昏君，无道。

◇ 脯林酒池

选自《帝鉴图说》之下篇《狂愚覆辙》。酒池肉林最早源于夏桀时期，夏桀宠爱妹喜，骄奢淫逸，荒唐无道，以肉脯为林，水池里装满酒来取乐，还修了奢华的宫室，致使百姓财物消耗殆尽，民不聊生。

◎ 兽面纹贯耳铜壶（酒器）

商代后期（公元前 1300 年—公元前 1046 年），河南省安阳市高楼村出土。河南博物院藏。

尊到龙虎尊，商代青铜酒器包括爵、角、觚、斝、尊、壶、卣等，这些酒器，有储酒、盛酒、温酒，饮酒等器之分，不管是数量还是分类，都占到了绝对多数。越接近商末，青铜酒器就越明丽奢华，雕刻满了各色精巧的花纹。

在这些青铜酒器上留下的金文，以及甲骨文中，都记载了末代商王帝辛（商纣王）大规模祭祀祖先的活动。但在最后的牧野会战到来之前，周人的首领姬发在发出檄文时，为何指摘帝辛对祖先的祭祀不闻不问呢（先秦·《尚书·周书·牧誓》）？而且又给后世留下"酒池肉林，使男女裸相逐，为长夜之饮"的恶名（汉·司马迁·《史记·殷本纪》）？

与武丁时代达到顶峰的人殉、人牲祭祀形成鲜明对比的是，到了商末帝乙、帝辛时代，甲骨卜辞记录的祭用人数又下降到只有 104 人，另有 56 条卜辞未记人数，而人牲最多的一次则为 30 人。

在黍子酒中酩酊沉醉来感恩祖先的庇佑、用奴隶的歌舞来取代活人鲜血的祭礼，会不会就是这些指摘的源头？

不管商王帝辛的内心是如何考虑的，长年累月地酿酒、饮酒，正在悄无声息地消耗着商朝的国力。尽管这是一个气候宜人的时期，但在原始的农耕技术和黍有限的产量之下，大规模的酿酒会消耗大量的粮食。

商王帝乙的长子——商王帝辛的庶兄微子启显然发现了问题所在，在一次又一次劝谏帝辛无功而返后，他心急如焚地问父师箕子、少师比干："王沉溺于酒中，商人上下都不遵守法度，商可能真的要灭亡了，而我们却找不到渡过这条汹涌大河的渡口与河岸。我到底是该去还是该留呀？"（《尚书·微子》）

微子所担心的后果，很快就要由来自西岐的周人给出了。

后稷的族人献来了人牲

就在商王帝辛沉迷于酒精、不听微子劝谏的时候，来自西方的 1570 名战俘和 24 名美女被送到行都朝歌。而俘获和押解他们的，正是西岐的周人

◎ 后稷

选自《历代帝王圣贤名臣大儒遗像》。周始祖，姬姓，名弃，其母姜嫄。后稷是农耕始祖，被尊为稷神、农神、耕神、谷神。

（《甲骨文合集·36481 小臣墙刻辞》）。

岐山脚下的周原地区，其实并非周民的故土。他们的祖先弃教人耕田种地，尧帝就请他做了农官，被人尊为"后稷"。但后稷的儿子不窋，在夏末时丢失了农官的官职。在夏商之间，周人几次迁居戎狄之间，经过数代人的跋涉之后，在古公亶父的率领下，周人才举族迁徙到了岐山之下的周原。

在这个远离王都的偏远地区，周民们秉承先王遗风，经营稼穑。当然，在相对原始的农耕时代，黍稷重（先种后熟的谷）穆（后种早熟的谷），禾麻菽麦，周民都会种上一些。《诗经》记载的农作物名称中，出现最多的黍和稷，一共 76 次。而在周民们歌颂后稷的诗歌中，他们描绘祖先所种的第一种庄稼，选出的种子是黄色的，而成熟时，它的穗饱满而低垂下来，密集而微微颤抖着（《诗经·大雅·生民》），这些显然是粟的特征。

依托于这块沃土，擅长稼穑的周民开始发展壮大。也正是在这时，周人开始酝酿着翦商大业（《诗经·鲁颂·閟宫》）。但仅仅依靠农耕，还不足以帮助他们快速崛起，因为中原的土壤、农具、武力、文化，对天下方国

◎ 周文王

选自《历代帝王圣贤名臣大儒遗像》。姬昌，周朝的奠基人。其父死后，继承西伯侯之位，故称西伯昌。西伯昌四十二年，姬昌称王，史称周文王。在位50年，是中国历史上的一代明君。

部落都具有碾压之势。周人的选择是曲线发展，投靠商人，迎娶来自东方的贵族女子，并且作为商人的马前卒，征伐西方的羌人（商人对西方之人泛称为"羌"）。

在武乙、文丁时代，周人的首领古公亶父之子季历，率领周师先后讨伐程、义渠、鬼戎、燕京、余无、始呼、翳徒等部族，并且不断地将战争中的俘虏献捷给商王，甚至被商王文丁任命为"牧师"（《竹书纪年》）。而这些羌人俘虏，极有可能补充了商人的人牲或奴隶的不足。

但是，周人也借机快速扩张着自己的领地，这引起了商王文丁的不安。就在季历押送翳徒俘虏献捷时，文丁将他囚死在王都。季历死后，周人仍然忍辱负重，没有和商王翻脸。季历的继承人姬昌表现恭顺，换来了商王帝辛"西伯"的任命。即便如此，帝辛还是注意到了周人在边陲搞的小动作，将姬昌押回了朝歌囚禁，在这里，他的儿子考也被帝辛烹杀。

为了救回姬昌，周人又一次为商王攻伐羌人，并以献捷的名义换回了姬昌。看到周人"忠心"的商王帝辛，大度地让周人再一次为他征伐。然而，这一次近距离地观察朝歌和帝辛的做法，终于让周人清楚地看到，商人已然陷入了衰弱和混乱中：武丁时代被征服的东夷又反叛了，商军要前往镇压，已无力西顾，甚至还要依赖周人为他们俘虏羌人，作为人牲或奴隶。

水之将沸，大厦将倾，是时候采取最后的行动了。

以商人之道，还治商人之身

公元前 1046 年二月二十八日，商人和周人之间的决战日。双方在朝歌城外远郊集结完毕。周人的 300 乘战车和 3000 虎贲，加上各方国部族共 4 万余人，面对数倍于己的商军，此刻的空气仿佛凝结了。

突然间，姜太公吕尚，这个一直以权谋辅佐周武王的老人，仿佛一只雄鹰，迸发出了前所未见的勇武，带领着周人的虎贲武士直扑敌阵；仿佛就是在那一瞬间，原本猬集的商军干戈丛林崩溃了，他们的戈逆转了攻击的方向，挥向朝歌城中。

就在那个清晨，当阳光洒向无垠的旷野时，存在了近 600 年的商王朝，仿佛朝露一样，消散在此刻（《诗经·大雅·大明》）。

在进入朝歌城、登上鹿台后，面对已经自焚的商王帝辛，周武王亲手射了尸身 3 箭，并用黄钺砍下那颗烧焦的首级；之后，他又用玄钺砍下了两个已经自缢的王妃首级。在约定的祭祀之日，周武王将帝辛的头颅献祭给了天帝鬼神（《逸周书·克殷解》）。

带着商王帝辛的首级回到宗周之后，周武王又砍掉了近百名俘虏的帝辛幸臣手脚、杀掉了在战场上顽抗而被俘的商军军官，以及 40 个小氏族首领和他们的守鼎官。姬发，这个周人的王，终于以商人的方式，在周人的宗庙完成了这场血腥的献祭仪式（《逸周书·世俘解》）。周武王让那些商人的遗族知道，告慰过天帝、鬼神之后，他将是这个天下合法的王。

在周武王完成这一场复仇的仪式中，一直陪伴在他身边的，是他的弟弟周公姬旦。目睹了这一切之后，父亲和长兄曾经的血泪，二哥周武王对

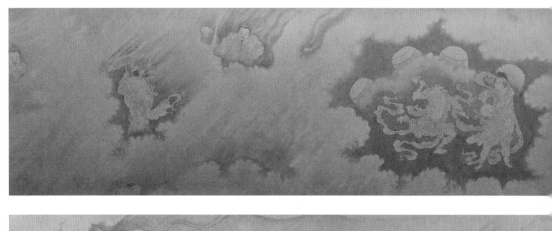

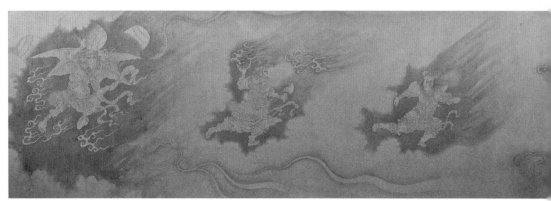

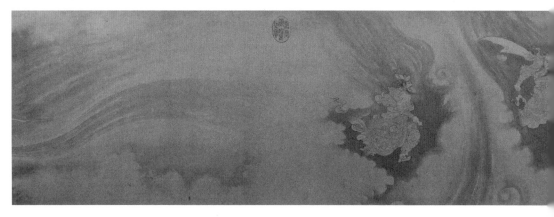

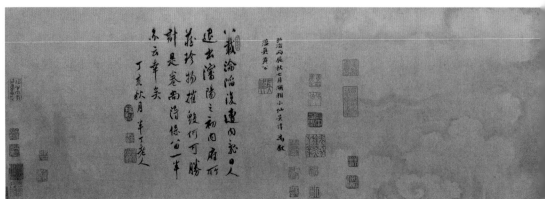

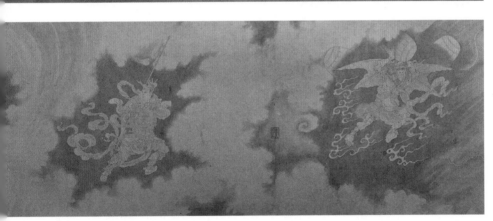

明 吴伟。「洗兵」的故事来自一个传说。传说周武王举兵伐纣，路上突然下了雨，大家都认为是天神下雨来帮助他们洗刷兵器，鼓舞士气，后来果然伐纣成功，战争停止。「洗兵」一词，被后世喻为战争胜利结束。

◎ 周武王

选自《帝王道统万年图》。西周王朝的第一位君主。

政令的咨询，都会让周公姬旦陷入沉思，周人的未来，应该是一个怎样的世界？

被改造的"神庙"

当周武王还来不及作出具体动作的时候，他在灭商后的第三年就病倒了。他将自己的幼子姬诵（周成王）托付给周公姬旦。不料，这遗言却引来了周武王另外 3 个弟弟的猜忌。管叔、蔡叔、霍叔和商王帝辛之子武庚发动了叛乱。足足 3 年的东征，周公姬旦终于平息了这场叛乱。为了真正收服商遗民，他以周成王之命，将帝辛的庶兄微子启封于商旧都，建立宋国，并继承商的祭祀，同时将他第九个弟弟封为卫国国君，以朝歌为都，统治商七族的遗民。

此刻，微子启曾经劝谏商王帝辛的话，仿佛又在周公姬旦的耳边响起。于是，在年轻的封临行之前，周公姬旦把自己的嘱托，以王的名义写在了 3

篇诰书上。

而这其中最为明确、具体的一个指令，就是告诉封，上天降下惩罚，臣民丧失道德，这都是因为酗酒造成的。商的灭亡，也是因为沉湎于酒导致的。今后，不仅各级官员们要严格限制饮酒，还要劝勉周民的子孙，只有在大祭时才能饮酒，而且要用严格的道德来约束自己，绝对不可以喝醉；还教导周民子孙要爱惜粮食，心地善良。

而对于留在故土的商遗民，周公姬旦觉得可以区别对待：如果他们专心致志地用自己的手脚种好黍、粟，勤勉地侍奉好父母长辈，为辛劳了一天的自己准备好丰盛的饭菜，那么，他们可以喝上一点酒（《尚书·酒诰》）。事实上，在这看似短短的几句嘱咐里，周公姬旦却将自己苦心建设的一套全新道德理念灌输了进去：

天上的神是保佑有德、惩戒无德的最高仲裁者，而不是令人恐惧、必须不断献祭取悦的对象；

商人曾经以酒来和天帝、鬼神和祖先沟通的习惯，被一笔革除了，他们只能用酒来表达长辈的孝心和对自己勤劳的感谢；

周民子孙只有在国君祭祀时才能饮酒，即便饮酒，也要止乎礼，绝对

◎ 周公

选自《历代帝王圣贤名臣大儒遗像》。姬姓，名旦，周武王姬发的弟弟，制作礼乐制度。周公是西周初期杰出的政治家、军事家。

不能酗酒。同时，不管是商人还是周民，平日里最重要的事就是种好庄稼，不得随意将粮食用来酿酒。

而这些思想在周公姬旦给封的另外两份嘱咐中言辞灼灼，进一步归纳为"明德""保民"和"慎罚"（《尚书·康诰》《尚书·梓材》）。

如果说，仓颉造出文字的那一刻，曾经"天雨粟、鬼夜哭"，那么在这一刻，商人曾经"先鬼而后礼"的道德体系崩塌了，而全新的人间品格模板被打造出来：道德至上、节制欲望、勤勉笃行、长幼有序、与人为善……这之后，周公姬旦进一步完善了整套礼制，"天命靡常，唯德是辅"，最终成为每一个华夏族人都需要遵守的精神传统和道德规范。

"五谷之王"的易位

从此，商人们借以和鬼神对话的桥梁"酒"被一刀斩断，末世商王帝辛也被后人安上了"纣"的恶谥，被称为纣王。既然酒有可能会让人忘形失德而被上天惩戒，那么祭祀时的礼器也有必要收敛和改变，以鼎、鬲、甗、簋等为代表的青铜食器取代了商人的各种青铜酒器，它们简朴而雄劲，却带着粗粝的浑厚感，而这其中最重要的是鼎。

与之相应的，黍作为酿酒最优质的原料，也不再具有占卜时神秘的象征了，它回归到粮食的本质。随着周民的先祖后稷由宗庙祭祀的对象成为郊祀天帝的"配神"，有着后稷象征意义的稷，也就是粟，地位显然提高了，成为粮食在祭祀礼仪中的专称。在周天子、诸侯、大夫、士所遵守的礼仪流程中，稷往往和黍并列在礼坛左右，向上天报告着人们辛勤劳作而所得的丰收，以期获得上天的认可和嘉奖（《仪礼》）。

随着时间的推移，人们渐渐冷淡了黍，而稷则成为谷神的代表，同"社神"一起被列为最主要的祭祀对象，"社稷"也成为国家政权的代名词。按照后世遵循的周礼，在王城的左侧，都要用五色土建社稷坛。

而在民间，粟也成为举足轻重的粮食作物。秦汉以后，各种农书都将

◈ **亚丑诸女司方尊**

商后期青铜礼器。

它排在粮食作物的第一位，粟或者"禾""谷"等粟的代称，成为谷物和粮食的通称。粟终于取代了黍，登上了"五谷之王"的宝座。

当我们回到故事的开头，鲁国那些以黍雪桃、以贵雪贱的姬姓后人，确实已经很难体会黍曾经神秘而高贵的地位了。周公姬旦为后稷子孙们所编织的故事，都可能让他们觉得，稷才是五谷之中的正朔。

而令人不断回味的是，那位痛心"礼崩乐坏"、最为推崇周礼、被康有为评价为"中国之国魂者"的孔子，他的祖籍恰恰就是微子启所受封的宋国，以"子"为姓的他，正是商人微子启的嫡传后裔。

大秦帝国靠小米碾压山东六国

在 2000 多年前，一队又一队的秦国军人，怀揣着一块小麦烘烤的"锅盔"，杀出函谷关征伐天下的场景，总会有人脑补。然而，事实上，这个原本地处西陲、为周天子牧马而获爵位的小国，在绵延 500 余个春秋的崛起时光中，不管是自然资源、精耕技术还是灌溉条件，处处阻碍着小麦的扩张步伐。

如果说，粮食带来的源源不断的热量，是秦人最后席卷天下、包举宇内最重要的根基，那么赳赳老秦的粮仓里到底藏了什么国家崛起的秘密？沿着历史的曲线回溯，我们就会发现，后稷族人留下的一种作物，会一步一步引导着秦人，将他们手中并非最优的自然、人力、技术和制度，进行最适合自己繁衍的组合，并最终帮助秦人完成了囊括四海、并吞八荒的霸业。

公元前 647 年，一场严重的旱灾降临在晋国境内，一连数月滴雨未下。眼看着这一年的粮食就要绝收，晋国储备的粮食也眼看就要见底，在大饥荒的威胁之下，晋国国君夷吾（晋惠公）只好派人赶往邻近的秦国请求粮食援助。

◈ 青铜马

战国时期青铜器。

收到了急报的秦国国君秦穆公，对晋惠公夷吾这个小舅子仍有些耿耿于怀。几年前，秦穆公派军队护送夷吾回国即位，约定晋国割让河西5城给秦国，而夷吾登位后却反悔了。此时，因为政治斗争失败而从晋国逃到秦国的丕郑之子丕豹，力主借机伐晋报复。但在和百里奚、公孙支商议后，秦穆公感叹了一声："虽然这个国君不讲道义，但晋国的民众又有什么罪过呢？"

于是，秦国从粮仓中分拨出大批储备的粟，从国都雍城出发，沿着渭水，自西向东由水路押运粮食，然后换成车运，再换船横渡黄河，最后由汾河漕运北上，直达晋都绛城，沿途500多里水陆相接，都是连绵不绝、井然有序的秦国运粮船只和车辆。

这一场远程救灾行动，并没有明确支出了多少积粟，但其规模已经震撼了山东诸国。远在鲁国的史官左丘明，在国史中，将这次救灾直接比作一场"战役"，称之为"泛舟之役"（左丘明·《左传·僖公十三年》）。

然而，这一次对晋国的支援近乎倾尽了秦国的国力。两年后，秦国也发生了饥荒，当秦穆公以为自己曾救援过晋国，而向晋惠公借粮的时候，晋惠公却再一次背信弃义，不仅没有把粮借给自己的姐夫，而且还趁火打劫，兴兵攻秦。

这次史无前例的救灾和紧随其后的恩将仇报，让秦国上下深深地感受到，所谓救灾恤邻的道义，不过是一句空话。秦人也更明白，在成为霸主的征途上，只有手中有粮，才不会陷入这种藐视和背叛中；只有自己手中握有千钧之力，才能让山东诸国瑟瑟发抖。

387个春秋后，秦人以这种无法抗拒的重力，滚滚碾压向三晋之一、"胡服骑射"的军事强国——赵国，在那场持续了长达3年之久的战争中，最终将敌人的粮仓消耗殆尽，并完成了最后的残暴一击。自此，秦人鹰视天下，再无强敌。这个原本地处西陲、为周天子牧马而获爵位的小国，在一路崛起的岁月中，他们的粮仓里藏着什么秘密？

后稷族人带来的馈赠

从牧马到农耕

公元前 771 年，周王室内乱，申侯联合犬戎进攻镐京，袭杀周幽王于骊山之下，入侵周王畿所在的岐、丰之地。在多数诸侯坐视王城丰镐被破、犬戎侵扰周原的时候，周天子的西陲大夫嬴开在这关头挺身率军，救援周王室，迎战犬戎的兵锋。接着，他又和郑国、晋国的诸侯一起护送周平王东迁到成周洛邑。

周平王思考着这位连诸侯都算不上的西陲大夫，他的族人和周民比邻而居，已经由来已久了。早在商末，秦先人的足迹就已经到达了周原和西戎之间的渭河流域，过着农牧结合的生活。秦先人非子因为在犬丘以擅长畜牧而闻名，受周孝王命，在汧河、渭河之间牧马，因为牧马有功，非子受封于当时王朝的边缘地带秦地（今甘肃天水一带），并接管嬴氏宗祀。现在，既然秦人又一次为王室效命，那么，就给他们一个更高的回馈吧。

于是，周平王在召见嬴开时，给了他一个郑重的承诺："西戎无道，侵占了岐、丰之地，如果秦人能够把西戎驱逐出去，岐山以西的土地就封给你们。"（汉·司马迁·《秦本纪》）

在周天子厚重的许诺下，秦地的第一位诸侯在讨伐西戎的路上，死在了岐山脚下。他的继承人终于驱逐了西戎，将周天子当年的许诺兑换成了现实。更为宝贵的是，生活在这片土地上的周"馀民"，也被纳入了秦人的统治之下。

这是秦人历史上最具决定性的时刻，不仅因为秦人终于位列诸侯，而且岐、丰之间的广大周原地区一直是后稷族人周民生活的中心地域，在这里，周民们秉承先王遗风，长期经营稼穑。

而"后稷"这个周民祖先的称谓，实际上也暗示着，周民耕作最拿手的作物就是身为"百谷之长"的稷，也就是今天被称为小米的粟。在周民

◎《百马图》卷（局部）

元 佚名。这幅图卷包括了洗马、驯马、喂马等诸多流程。马在古代是农业生产、交通运输和战争等活动的主要动力之一。

们歌颂后稷的诗歌中，他们描绘着祖先所种的庄稼，选出的种子是黄色的，而成熟时，它的穗饱满而低垂下来，密集而微微颤抖着（《诗经·大雅·生民》）。这些显然都是粟的特征，在周原之上，以粟为主体的农作物结构已然定型。

这些周"馀民"将会给秦人的农业带来飞跃式的发展，也为秦人在500年后的辉煌埋下了最为重要的伏笔之一。

"金元政策"的破灭

回到这个故事开始的那一刻，当渭河之上的船只纷纷起锚，夜以继日地向东驶去的时候，船上运载的不仅仅是满仓的粟，还有国君秦穆公的东进野心。

　　事实上，和一再支持晋国公子回国夺位一样，秦穆公的救济行动，无疑是一种针对晋国、打开秦国通往东方大门的"金元政策"。从转年秦国自身也陷入了缺粮饥荒中就可以看出，"泛舟之役"更多的是为了夸大秦国农业实力、向山东诸国炫耀的行动，秦人的粮仓并非真的殷富到可以周济天下。

　　这种夸耀，除了给诸侯造成震惊之外，也给秦人自己带来了自以为是的傲慢。

　　公元前628年，同样是在秦穆公支持下夺位的晋国国君晋文公重耳去世，等待了足足20年的秦穆公，又一次看到了东出崤山、争霸中原的机会。他秘密地策划了一次进军中原郑国的偷袭行动。秦军行军路过天子的都城成周北门时，按照礼制，诸侯的军队经过王畿，战车上的左右卫军人，

◎ 秦始皇兵马俑

　　秦始皇（公元前259年—公元前210年），秦庄襄王之子。他结束各国割据混战，统一六国，建立了我国历史上首个多民族的中央集权国家，是首个使用"皇帝"称号的君主，自称"始皇帝"。兵马俑是其陪葬品的一部分，由各类身份的陶俑、陶马及战车组成，是秦王朝强大军队的缩影，被誉为"世界第八大奇迹"。

需要卸下甲胄下车步行，以示尊重周天子。然而，不知道是急于奔赴前线，还是对周礼不屑一顾，秦兵们刚一下车又一跃登车，数量多达300乘。城上的大夫王孙满看到这一幕，对天子说，秦军轻佻无礼，此战必败无疑了。

作为姬姓诸侯中此时的最强者，晋国是不会坐视秦国染指中原的。就在秦军攻郑计划暴露、顺手灭滑国回程的路上，晋军在崤山隘道设伏，全歼秦军并俘虏了秦军的3名主帅（左丘明·《左传·僖公三十三年》）。

直到3年之后，秦军在曾经被俘的将军孟明视率领下，渡河沉舟，攻下晋国的郊和王官两地，终于报了这一箭之仇。秦穆公这才得以进入崤山谷中，掩埋当年战死将士的尸骨，痛哭3日。在这里，他留下一句誓词，希望后世能记住他的过错。因为他终于意识到，自己数十年来处心积虑东进中原的念想，之所以一次又一次迎头撞上晋国筑起的高墙，是因为秦国不具备足够的实力。

与其东进一再头破血流，不如凭借秦人对西戎的熟悉，奋而向西拓展生存空间。在秦穆公余生的3年里，秦军挥戈西向，灭国十二，开地千里，最终称霸西戎（汉·司马迁·《史记·秦本纪》），只是终其一生，都没有能够会盟诸侯。频繁的战事，也将刚刚发展起来的秦国国力消耗一空，从而"不能复东征也"（汉·司马迁·《史记·秦本纪》）。

不过，秦穆公在最后的岁月中打下的这片土地，包括天水、陇西、陇中（今甘肃河东地区）在内，还保留着接近原始的面貌，山多林木，当地人多以木板为室屋（汉·班固·《汉书·地理志》）。留给嬴姓后人的战争资源，不只是这些迫近戎狄、以射猎为先的原住民们。此刻，除了洮河和渭河的部分河谷温暖地带，有极小规模的农作物种植之外，大部分地区还是以放牧作为土地的利用方式。未来，这些广阔的但几乎保留着自然原貌的土地，也将影响秦人迈向关东的"路线"。

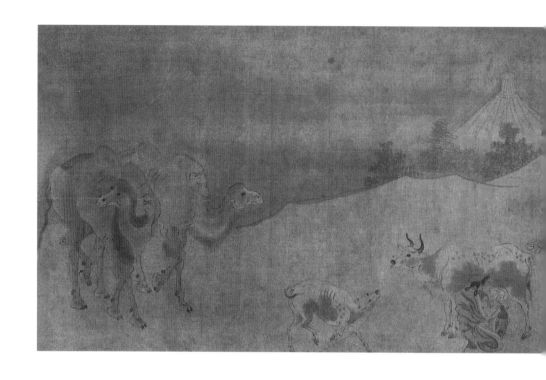

庞大的"国家农场"

一条迥异于中原的垦殖之路

公元前 362 年，一个名叫鞅的卫国人，踏上了秦国栎阳城的土地。作为一个落魄的贵族后人，此刻的他望着秦国的城池，竟有些同病相怜的感受。

这个西陲小国在经历了几代君位争夺的动荡之后，国力大为削弱，先辈好不容易夺下的河西地区，也被魏国名将吴起率军夺走。甚至在 50 万大军的绝对优势兵力下，秦军还是被 5 万魏军一举击溃。中原各国更加将曾经称霸西戎的秦国当作未开化的夷族，中原各诸侯的会盟也不带上秦国。

◎《牧放图》

佚名。画面是一个少数民族家庭，在放牧中途休息的场景。画中男女老少，站立蹲卧，姿态各不相同。所绘的动物有骆驼、马匹、牛群以及牧羊犬。作者构图巧妙，生动地描绘出了游牧民族外出放牧的场面。

也正是在这一年，一个 21 岁的年轻人刚刚成为秦国的新国君。诸侯的轻视，被血气方刚的他视为莫大的耻辱。于是，他向天下发出招贤令，承诺如果宾客群臣中能有出奇谋使秦国重新强大起来的人，不仅封官，还愿意分封土地。

鞅的此番访秦，正是他在魏国侍奉的相国公叔痤建议的。尽管鞅深受李悝、吴起的影响，有着自己的学识和抱负，但因为侍从的身份，他在魏国被直接忽略了。怀揣着李悝的《法经》来到秦国的鞅，在宦官的引荐下，见到了年轻的国君秦孝公嬴渠梁。在一番君主之策的雄辩都没有得到回应的情况下，鞅最后畅谈起富国强兵之策，终于赢得了秦孝公的赞许（汉·司马迁·《史记·商君列传》）。从此，这两个"家道中落"的人，将牵引着秦国这驾马车夺路狂奔。

公元前 359 年，按照两个人最初商定的强国之策，秦国开启了变法之

大秦帝国靠小米碾压山东六国

路。而拉开全面变法序幕的第一道政令，就是《垦草令》。

在同处于农耕生产力时代的战国，富国强兵的逻辑可以简化为拓土、产粮、养兵。在山东诸国，随着人口增殖，过去的"隙地"已经逐渐消失，能够垦荒的空间也越来越小。而这时正如日中天的魏国，除去山川、村落占去 1/3，耕地大约还有 600 万小亩，可谓地少人多。也正是在这样的压力下，魏国率先实行变法改革，而李悝变法在农业政策上就要求充分利用土地空隙，以"尽地力之教"（汉·班固·《汉书·食货志》），提升土地利用率，推广精耕技术，增加粮食产量。

不过，这种政策在鞅看来却很难适用于秦国。相比山东各国，秦国土地资源相对丰富，而本来人口基数就不大，加上连年的战争往往处于挨打的地位，劳动力资源严重短缺。这就导致秦国土地有 5 个方圆 1000 里的疆域，而种了庄稼的田地却不到 1/5，田数不到 100 万亩，山川、河流、土地里的资源更是没被充分利用。

秦国所控制的汧、雍地区向东一直到黄河边、华山脚下，膏壤沃野千里，在《禹贡》中就被列为上上之田（汉·司马迁·《史记·货殖列传》）。这么多宜于耕作的关中肥沃土地，和土地狭小的魏国要"尽地力之教"比起来，秦国的状况则是"人不称土也"（先秦·商鞅等·《商君书·徕民》）。土地虽广阔却不去开垦，粮食还不够用来准备打仗，且未装满粮仓，这和没有土地是一样的。因此，鞅给秦国的关键建议之一，就是堵塞民众从耕种之外获得私利的途径，恩威并施地督促他们去开垦荒地。

也正是从这道政令开始，秦国走向了和山东诸国迥异的农战道路。这条从秦国实际出发的路线，也决定了秦人播撒向土地的种子，并最终行之有效地让秦国积累起了雄厚的经济实力。

提高到 2.4 倍的种田 KPI

在这道政令中，鞅列举了包括以粮食产量来计算田赋、对收留食客的贵族加以重税、严禁粮食买卖等足足 20 种办法，从秦国内部逼出人力资源，投入开垦荒地中去（先秦·商鞅等·《商君书·垦令》）。

◎ 战国鸟兽盖敦

食器。高8.4厘米。在祭祀和宴会时放盛黍、稷等农作物。

◎ 战国环耳敦

食器。在祭祀和宴会时放盛黍、稷等农作物。

◎　大良造鞅镦

兵器配件，战国后期秦国大良造商鞅监造。通高 5.7 厘米，宽 2.4 厘米。

　　考虑到秦国人口总量依然有限，自然增长又需要较长时间，改变"人
不称土"现状的另一个有效办法，就是招徕三晋之民。三晋之地，尤其是
秦国直接面对的韩、魏两国，土地狭小而人口众多，而秦国的新政是：凡
是各国来归附的人，立刻免除他们三代的兵役，秦国境内的岭坡、土山、
洼湿的土地，10 年不收赋税。用秦人组成的军队来征战，用各国移民来开
荒从事农业生产，既不会耽误国内的农时，同时又蚕食了韩、魏等国经济
发展中的人力资源，这种一举多得的损敌之术，也相当于战胜了敌国（先
秦·商鞅等·《商君书·徕民》）。

　　公元前 353 年，魏国徙都大梁，魏国统治中心的东移，让多年来被魏
国打压的秦国有了一丝喘息之机。第二年，鞅受封秦国最高爵位大良造，

并集军政大权于一身。为了摆脱栎阳秦国旧贵族对进一步变法的阻挠，鞅请求秦孝公迁都咸阳。在咸阳，新一轮的变法颁行，对土地制度实行重大改革，把标志着土地国有的阡陌封疆去掉，废除了井田制。就在制订新的授田制度时，鞅在亩的面积大小上修改了一个重要的数字。

秦国授田的标准与三代一样，每户百亩，按照周制，井田的一亩大小是 100 步。为了解决地利不尽的问题，鞅将亩的大小改成了 240 步（汉·许慎·《说文·田部》），把原来由国家控制的轮耕土地落实到农户，无论是不是开垦耕种，政府只按照百亩的标准征收赋税，这成为每个受田的农户法定的耕作义务（《睡虎地秦简·田律》）。

随着每亩田地的面积变大而赋税定额，秦国受田农民如果肯致力于本业，那么平均每亩的税负显然就降低了许多。但是，同样由于每亩面积的扩大，农民就必须完成相当于原来 2.4 倍的耕作任务；同时，因为法定男子成年后如果不分家，赋税就会翻倍，这样的一个小家庭，加上一百亩的劳动强度，显然是个极为沉重的任务。

种田的 KPI（关键绩效指标考核）提高了，虽然完成后的收益很高，但一个人只有一双手，用什么来确保这样的高 KPI 能够被落实完成呢？

粗暴而高效的耕种方式

为了支持农民大规模地垦荒，秦国着力推行铁农具、牛耕等农业技术，以提高开垦的效率。锋利的铁农具提高了土地翻耕的质量和频率，只要好好种地，哪怕是一个买不起铁农具的新移民，政府也会将公有的铁农具借给他，并且制定了非常优惠的政策，使用中造成的自然损坏不用赔偿，只需要写个说明备案即可（《睡虎地秦简·厩苑律》）。

与此同时，秦国还设置专人负责饲养耕牛，而且对盗牛者施以重刑，每亩 240 步的土地空间，也更适合耕牛施展畜力。严苛而完善的管理制度，配合秦先人为周天子牧马的畜牧强项，秦国也成为战国诸雄中牛耕最为发达的地区。当后来赵国人发现秦国通过牛耕开垦，而使得原来的荒地都成为良田时，感到了一阵"不可与战"的恐慌（汉·刘向·《战国策·赵

◇ 清 竹雕韩湘子牧牛摆件

◇ 牧牛图

佚名。

策》)。

通过高效的开垦,秦国境内本来就肥沃的土壤,迅速拓展成连片的熟地。土地资源被充分开发后,又该如何利用?给秦国做了顶层设计的鞅,却并没有制订详细的执行细则。在《商君书·垦令》中,鞅的关注点并不像李悝推行的"尽地力之教",而在于基本农业土地资源的拓展,只字未提精耕细作。

不过,秦国的基层政府为农民准备了官方的播种量标准:稻、麻亩用2斗大半斗,禾、麦亩1斗,黍、荅(泛指小豆)亩大半斗,菽(泛指大豆)亩半斗(《睡虎地秦简·仓律》),几乎都是以斗来计量。而对比汉代氾胜之推行区种法,实行点播与密植,粟、麦、豆的每亩播种量已降到2升,秦人播种的标准用量比汉代足足多出了数倍,这就意味着,秦人普遍采用的是粗放的撒播方式。

尽管《吕氏春秋·任地》中提到了水旱地利用、盐碱地改良、耕作保墒、杂草防除、株距行距等精耕细作的技术,也只能说代表了战国时期的最高农业技术。但实际上,只有人口达到一定密度时,耕种者才会发现转向精细化的土地耕作是有利可图的。如果人口尚未达到一定的密度,即便人们已知道精耕细作的方法,也不会应用它(Ester Boserup.《农业增长条件》)。这恰好符合地广人稀的秦国现状:秦国农民的劳动强度已然很大,显然无力像邻居魏国那样精细地种植农作物。

那么,面对这广阔土地上的繁重劳动量,秦人们会更倾向于种植什么作物,也就有了答案。

实际上,在秦国土地资源和人力资源的组合利用方式下,传统的粟作是最为适宜的。粟具有耐旱、耐贫瘠、喜温暖、适应性强的特点,在温度适宜的条件下,粟的种子吸水达到本身重量的26%即可发芽。而且,粟对土质的要求不高,在盐碱较轻的土地上一样能够获得丰收。就像秦人从后稷族人那里学到的技能一样,在关中农区的作物结构中,粟占据了最主要的位置。

长平大转折

粮食天平的倾斜

就在第二次变法施行后，秦国就以肉眼可见的速度富强起来。秦军先是东地渡洛，突破魏国河西长城（滨洛长城）防线，屡次战胜魏国。公元前343年，周天子终于承认秦国为霸主。次年，秦公子少官率兵与诸侯会盟于逢泽，并朝见天子（汉·司马迁·《史记·秦本纪》）。秦国终于一雪秦穆公辞世后的积弱与耻辱。变法短短20年间，秦国就依靠秦孝公与鞅定下的农战国策完成了蜕变，实现了几百年来称霸诸侯的梦想。

铁农具、牛耕、在广阔的土地上粗放经营、以粟为主的作物结构，秦国的农业此时正像一部皮糙肉厚但运转高效的机器，隆隆作响地出产着粮食。在并不显而易见的数字上，秦人完成了实力的反超。

按照学者的推算，秦国的粮食亩产约为3石，折合成小亩是1.25石（吴慧·《中国历代粮食亩产研究》）。而李悝作为相国时的调查显示，魏国亩产为1.5石。耕作粗放的秦国农户，平均亩产比魏国农户要低1/4，但凭借耕地面积大、牛耕、铁器的加持，耕种大亩的秦国农户，年总产量却反超了魏国农户。由此而产生的剩余粮食，就成为秦国积蓄力量、提升战斗力的关键。

同样，按照李悝的计算，魏国五口之家，一年的粮食消耗水平是"粟九十石"，年人均口粮为18石（汉·班固·《汉书·食货志》），日均不到5升；而在宋国，按照不同等级、劳作情况、年龄，5种不同人员一般的口粮标准是"斗食，终岁三十六石；三食，终岁二十四石；四食，终岁十八石；五食，终岁十四石四斗；六食，终岁十二石"（先秦·《墨子·杂守》），五者人均年口粮标准为20.88石，人均每天5.7升。

反观秦国，按照秦国驿站为政府出差人员提供餐食的法律规定，即便是出差者的随从，每餐也供应粝米（指粗糙的粟）半斗；而最底层驾车的

◎ 耧车

也称"耧犁""耧"。我国古代农具，畜力播种机，用于播种谷物，由耧架、耧斗、耧腿、耧铲等构成。
选自19世纪《中国自然历史绘画》。

仆人，供应量也有每餐 1/3 斗（《睡虎地秦墓竹简·秦律十八种·传食律》）。在军队中，一个高强度岗位的普通士兵，军粮标准是早饭半斗，晚饭 1/3 斗，年口粮超过 30 石。更有甚者，在以酷刑闻名的秦国，连刑徒、奴隶的口粮都大多达到甚至超过《杂守》中的口粮标准。其中，筑城和春米的男女刑徒，每月的口粮也达到了宋国人三食，即 2 石的标准，更是超过了魏国普通农户的平均值。

更有甚者，在地狭人众的魏、韩等国，为了达到尽地力、增人口，五谷杂种的结果，使更多的底层民众不得不靠着豆饭、藿羹来填饱肚子，生活质量进一步下降。

除了吃饭的口粮，秦国对大规模增产后余下的粟进行了国家收储。秦人在国内实行三级粮仓存储制度，每 1 万石为一积，设置为一个仓库，在之前的都城栎阳仓，2 万石一积；而在都城咸阳，更是有 10 万石一积的超级大仓库（《睡虎地秦墓竹简·仓律》）。这些国家收储的谷物，也明确标明为禾，而耐储藏的粟，则是秦国战略储备粮的首选。

从口粮到积粟，秦国农业的发展速度、粮食产量的提高、国家战略储备的殷实，都已经将山东诸国甩在了身后，并且实实在在地提升着每个秦人的热量输入，而由这些热量转化的体力提升，是秦国军队战斗力提升最为重要的基础。

"胡服骑射"的赵国饿垮了

公元前 262 年，持续通过"远交近攻"来蚕食魏、韩土地的秦国，又一次把兵戈指向韩国，将韩国的上党郡与本土的联系完全截断。不愿降秦的韩国官民，把上党郡 17 座城池献给了赵国。在平原君的建议下，赵国接受了上党土地，并且派廉颇率军 20 万驻守长平，以防秦军进攻。次年初，上党陷于秦军，公元前 260 年四月，秦军向驻守长平的赵军发动了进攻。

七月，在第一道防线的支撑点接连被秦军攻破后，廉颇将全军收缩到

◎ 战国铁臿

战国时期挖地的农具。荆州博物馆藏。

丹河东岸，筑起围墙，希望将锋芒毕露的秦军拖进阵地消耗战。但很快，廉颇的决策却让赵孝成王心急如焚，几次催促廉颇速战速决，打破僵局（汉·司马迁·《史记·白起王翦列传》）。最重要的原因是，赵国耗不起了。

从接收上党以来，赵国 20 万人在长平驻守已经前后两年。尽管这 20 万人大部分应为后勤人员，但长期的对峙，不但导致大批成年劳动力脱离农业生产，而且还消耗宝贵的国家储备粮。尽管苏秦曾经说赵国的积粟够"支十年"（汉·刘向·《战国策·楚策》），但这时候赵国的粮食储备很可能已经见底了，他们只能往东向齐国借粮。然而，在五国伐齐后一直被赵国打压的齐国，选择了坐视（汉·刘向·《战国策·齐策》）。

这时候，赵孝成王或许才会悔恨，在这场大战之前，没有听从平阳君（赵豹，赵孝成王的叔叔）的劝阻。尽管经过赵武灵王变革，赵国以"胡服骑射"而威震战国诸雄。但相比秦国，赵国的整体后劲显然略逊一筹。赵国的粮食主产区冀州，《禹贡》记录中土壤为白壤，田为中中，和三晋中的魏、韩一样，也是地薄人众。

尽管赵国的铁器制造技术发达，已经采用深耕、中锄、积肥、施肥等一系列精耕细作，但平阳君却明确地说，秦国用牛耕将荒地都变成了良田，还有长途水运粮食的经验，这仗没法儿打（汉·刘向·《战国策·赵策》）。

再加上赵国一直农商并重，战争实力上又折了几成。

此消彼长，凭借着栎阳仓、咸阳仓这样的超级大粮库，又有着"泛舟之役"远距离后勤投送的经验，长平前线的秦军尽管也已经是 15 岁以上国人尽发，但已经将最后的胜算牢牢地掌握了自己手里。

粮草不济的赵国，在秦国间谍散布的谣言刺激下，孤注一掷地征发后备役人员，并用更具进取心的少壮将军赵括换下了廉颇。结果，主动反击的赵军粮道被遮绝，断粮 46 天。最后的突围中，身先士卒的赵括死于乱箭之下，投降后的赵军除 240 名少年兵外，其余被秦军全部坑杀。

这场整个战国时期规模最大、最惨烈的战争，秦国不但从根本上消灭了赵国的有生力量，也彻底震慑住了山东诸国，成为战国时期的大转折。从此赵国一蹶不振，六国弱势已成，而惨胜的秦国却依靠异于六国的农战路线，快速回血，统一天下，只是时间问题。

一个奇妙的巧合是，拿下长平之战最后胜利的秦国国君，正是以周人始祖后稷为名的秦昭襄王嬴稷。这个"稷"字，正是粟的另一个名称。在拿下长平后又 4 年（公元前 256 年），曾经向周民学种地的秦人后裔，攻陷洛邑，次年掠九鼎入咸阳。

还在沉睡的冬小麦

在战国这个农业政策发生巨大变革、农业技术取得重大进步、粮食品种构成变化显著的时期，秦国以雍州之地、崤函之固，积蓄起碾压山东诸国的万乘之势的进程中，除了最为传统的粟，在夏商周时期已有种植的小麦，是否也助了一臂之力？又或者，真如后人所传闻的那样，秦国士兵的甲胄内怀揣着一种叫作"锅盔"的面食？

小麦和大豆虽然也属于旱地作物，但在对水的需求量上，足足比粟要多 2 倍。尤其是在冬小麦春季拔节抽穗期需要大量水分，否则产量将会很低。相对于土生土长的粟，要让冬小麦这个"外来户"大面积落地生根，

⊙ 筒车汲水

水转筒车，以水流作动力，取水灌田的工具。据史料记载，筒车发明于隋而胜于唐，距今已有 1000 多年的历史。

没有良好的水分条件是很难实现的。《禹贡》中也认为秦地雍州"其谷宜黍、稷"，而没有提到麦。

事实上，一方面，秦岭横亘，阻断了南来北往的水汽，其位居大陆腹地的地理位置又使东太平洋的水汽难以足量进入，冬春时节，北方寒流南下，使关中地区气候干燥；另一方面，在秦国完成长平之战的战略大转折之前，秦地实际上一直处于缺少大型水利工程、灌溉条件并不好。

就在九鼎入秦的前一年，秦国蜀郡太守李冰和他的儿子才在蜀地岷江启动了一项庞大的水利工程。经过 8 年的努力，都江堰终于宣告建成，使川西平原成为"水旱从人"的天府之国。但巴蜀地处西南，一直以来并非麦作在中国的主产区。

公元前 247 年，秦王嬴政即位。公元前 246 年，苟延残喘的韩国派出水利专家郑国，前往秦国游说，引泾水东注北洛水为渠，希望以此"疲秦"。经过 14 年的建设，才凿渠成功，从此关中为沃野，"无凶年"（汉·司马迁·《史记·河渠书》）。此时，距离秦一统天下，只剩下最后的 15 年。

即便如此，麦作也没有在短短的时间里在关中秦地快速扩张。公元前206 年，刘邦进入咸阳后，又迅速撤军至距离咸阳不远的灞上。秦地的民众将牛羊酒食献于汉军，而刘邦为了取悦民心，表示："仓粟多，不欲费民。"（汉·司马迁·《史记·高祖本纪》）作为咸阳仓的组成部分，灞上仓此时储备的仍然是粟。

直到汉武帝时，董仲舒还着重地提到，关中地区的百姓一向不习惯种宿麦（冬小麦），希望大农令让关中的老百姓多种宿麦（汉·董仲舒·《乞种麦限田章》）。而冬小麦从粒食到磨成粉制作面食，还要等到汉代石磨的大规模推广以后。

2000 年后，当中国的考古学者从出土的秦人骸骨中进行稳定同位素分析时，发现从西周一直到战国末期，秦人的食物结构中最主要的是碳四类植物，而且比例不断上升，同时也有一定的肉食，而碳三类植物极少。而粟和小麦，则分别属于典型的碳四和碳三植物。

而秦人食谱中碳四植物比例的增减曲线，与秦穆公东进失利转而西征、秦孝公发奋变法农战，最后奋六世余烈、振长策而御宇内的发展，恰好有着几乎同步的起落沉浮。

大豆是杀人盈野的『元凶』?

大豆，原产于中国，在先秦时期就成为先民的食物之一。不过，由于粒食口感差且不易消化，它一直是黍、稷身边的小小配角。但一次"尊王攘夷"的北伐，却打开了潘多拉的盒子，大豆在中国的土地上迅速上升为第一主食。

这是一场规模盛大、多年不曾举行的朝会。台坛上的赤色帐幕，用黑色的羽毛装饰着，显示着神秘的威仪。各方诸侯北向而立，仰望着那个穿着八彩色朝服的少年天子。他的左侧，站着他的叔叔，那个辅佐先王克殷建周、主持国家大政的周公姬旦。

公元前1039年（周成王五年），周公姬旦苦心营建的东都洛邑终于宣告竣工了。在这个天下中央之地，受哥哥周武王姬发临终之命、已经摄政5年的姬旦，操持了自周成王即周天子位以来的第一次天下诸侯会盟。

这次被称为"成周之会"的会盟中，还有一个特殊的环节。为了象征周天子位居中国，统御四方，除诸侯们各自带来了封地方物，四面八方的戎狄部落也带来了各地的特产，来到"四方入贡道里均"的洛邑，进献给周王室。在进献贡品的人群中，一位来自燕山以北的山戎使者向天子献上

◎ 周成王

姬诵，周武王姬发之子，西周王朝的第二任君主。幼年即位，皇叔周公姬旦摄政，建立了礼乐制度。他亲政后，"宅兹中国，自之义民"，迁都于成周（古称洛阳为中国），分封诸侯，进一步加强了统治。他与其子周康王在位期间，国家繁荣富强，日益兴盛，历史上称为"成康之治"。

了当地的土特产——一种名为"戎菽"的植物种子（《逸周书·王会》）。

菽，也就是大豆。这是在中国历史文献中关于大豆最早的明确记载。而在中国最早的诗歌总集《诗经》中，在"宗周"镐京地区，人们既会去野外"采菽采菽，筐之莒之"（《诗经·小雅·采菽》），也会在田地中"岁聿云莫，采萧获菽"（《诗经·小雅·小明》），"采菽"是采集野生的大豆，"获菽"是收获田间种植的大豆。

而此时，来自北部边疆的山戎族，却已经将当地的"菽"作为自己的特产，献给了"后稷"的后裔周天子。当地种出的这种金黄色的种子，足以让这个北方民族心怀自豪。

不过，大豆这种食物此刻在中原大地，还只是黍、稷这些主角们的陪衬，或是只能作为周天子和贵族们尝尝鲜的小菜。真正等到它迸发出深藏的巨大力量，还要等到数百年后，各方诸侯开始高举"尊王攘夷"之名，而行称霸中原之实的时候。

在那个"礼崩乐坏"的时代，它会向人间展露出自己的两副面孔，一张是让无数人赖以维生的天使，另一张是视生命如草芥的魔鬼。

打开了潘多拉的盒子

一个叫"弃"的孩子和他的族人

在先民的想象中，在很久很久以前，有邰氏的女子姜嫄，因为踏着天神的脚印，而诞下了一个神奇的男孩。害怕这个孩子的姜嫄把他抛入隘巷，不料连过往的牛马都自觉避开，绝不踩到这孩子身上；大鸟也用自己丰满的羽翼，为这孩子保暖。

这个差点被抛弃的孩子，就被取名为"弃"。

弃从小喜欢的游戏，就是收集野生的谷物以及各种瓜果的种子，用自己的小手撒播到地里。五谷瓜豆成熟后，茂盛整齐而籽粒肥盛。当他长大之后，就教自己的族人耕田种地（《诗经·大雅·生民》）。为此，尧帝请他做了农官，被人们称为"后稷"，亦被尊为周人的始祖。

"后稷"的传说，说明周人在早期就是以农耕为主的民族。在夏商之间，周人几次迁居戎狄之间，虽然和戎狄不断接触，但始终保持着农耕的传统。经历了数代人的跋涉之后，周人最终举族迁徙到了土壤肥沃、适宜农耕的岐山之下的周原。

而"后稷"这个称谓，实际上也印证了，从有正式文字的商代开始，黄河流域人们的主粮，就是以黍、稷为主。"黍稷重（先种后熟的谷）穋（后种早熟的谷），禾麻菽麦"《诗经·七月》，尽管《诗经》中记载的农作物名称多达 21 个，但其中出现最多的黍和稷，一共有 76 次。

依托于周原这块美丽肥沃的土地，擅长种植黍、稷的周人不断发展壮

◎ 黍稷

古代重要农作物。选自《诗经名物图解》，细井徇绘。

大，进而伐纣翦商夺得天下，随后分封姬姓宗室子弟和功臣为列国诸侯，其中姬姓封国就达 53 个。

也正是在翦商 3 年之后，周成王姬诵的父亲、周的开国君主周武王姬发功成身死。但到了成周之会时，诸侯济济，戎狄归附，礼乐诗书，由这个家族统治的国度就像朝霞一样璀璨，令人心生向往。

然而，公元前 771 年，在犬戎人兵临镐京城下，选择了远远观望。第二年，即位的周平王正式将国都从镐京迁到了洛邑。这个无奈之下的选择，在诸侯们看来，曾经"溥天之下，莫非王土"的周天子，此刻就像一个林妹妹般、寄人篱下的远房表亲。

随着分封的继续、戎狄的侵占、诸侯的吞没，周天子直辖的"王畿"逐渐仅剩下成周东西 200 里，诸侯们连原本应该定期给天子送来的朝贡，也似乎遗忘了。公元前 725 年，周平王去世后，即位的周桓王甚至因为没钱，而派人向鲁国索求助葬费用。公元前 707 年，繻葛（今河南长葛）之战，周联军被郑国军队击溃。从此，周天子的威信更是一落千丈，诸侯们或许还在心里冷笑了两声，从此越发不把周天子的礼乐和征发当回事了。

天子王冕上的金色珍珠

与此同时，在王国的西方和北方，那些被称为"戎"或者"狄"的部落，没有了原先周王室的限制和打压，更加野蛮生长，迅速壮大，时不时地南下交侵中原各国。另一边，不再听从周王室统一号令的诸侯，也只能走向一线，独力抗击来自外族的劫掠。

数百年前为周天子献上"戎菽"的山戎，携着刀光剑影回来了。

公元前 714 年，山戎入侵郑国，被郑庄公率军击退；公元前 706 年，山戎越过燕国，大肆入侵齐国，齐僖公不得不请求诸侯救援。最后，郑国公子忽率领军队帮齐国解了围。

公元前 664 年（鲁庄公三十年）的冬天，山戎再次南下侵扰燕国。接到燕庄公求援的齐桓公和鲁庄公谋划北伐山戎。第二年开春，齐国军队用 300 乘战车，以及上万人的先锋部队出征。这一仗，从春天一直打到冬天，

◎ 戏举烽火

选自《帝鉴图说》之下篇《狂愚覆辙》。周幽王的妃子褒姒不爱笑，为了讨取她的欢心，周幽王多次点燃烽火台，戏弄了诸侯王。屡次之后，诸侯们便不再相信周幽王的号召。后来，犬戎攻破镐京，因为没有诸侯的救助，导致周幽王被杀。此后，周幽王的儿子周平王即位，开始了东周时期。

最终逼迫山戎向北转移，遁入燕山以北的辽阔草原（《左传·庄公》）。

而在这一整年的北伐中，齐国军队在山戎处收获了两样重要的战利品——冬葱与"戎菽"。凯旋之后，齐桓公将这两样战利品"献捷"于周天子。这颗 300 多年前由山戎献于周天子的戎菽种子，就像天子王冕上的金色珍珠。这场有些刻意安排的"献捷"，仿佛是齐桓公对自己威权的一次宣誓，向天下证明是齐国为周天子夺回了名誉的桂冠。

也正是这一次北伐，山戎培育出来的大豆优良品种"戎菽"，得以"布之天下"（《管子·戒》），这也是先秦时期有记载的最重要的一次大豆物种交流。

公元前 651 年，齐桓公召集鲁、宋、卫、郑、许、曹等国的诸侯，在葵丘会盟。这是齐国召集的诸侯会盟中最盛大的一次，齐桓公从此登顶中原，成为春秋时期的首位霸主。齐桓公一定不会想到，他从山戎之地带回的大豆，就像打开了潘多拉魔盒。从此，每一位诸侯都将觊觎窥伺霸主的地位，思索着"邻国之民不加少，寡人之民不加多"的问题。而大豆，将会让无数生灵从此被绑上逐鹿天下的战车，成为问鼎中原的生命燃料。

古今一大变革的生命燃料

四战之地的农业决策和崛起

公元前 453 年（周定王十六年），晋阳城传来了一件让所有诸侯瞠目结舌的重大突发事件。

两年前，把持晋国国政的智伯瑶，联合韩康子、魏桓子两家，讨伐赵襄子，却在晋阳围攻两年而不下。无力再耗下去的智伯便决定引晋水灌晋阳城。就在情急之时，赵襄子暗中说服韩、魏两家临阵反水，以水倒灌智家军营，智伯兵败身亡。

为了免除智氏后患，赵、魏、韩联手屠杀智氏家族 200 余人，并且瓜分了智氏封邑。尽管赵、魏、韩三家仍然留着晋国国君，但实际上已将晋

⊙ 荏菽

　　大豆，古代重要农作物。选自《诗经名物图解》，细井徇绘。

国的土地瓜分殆尽。曾经"并国十七，服国三十八"的春秋五霸之一晋国，已经名存实亡。

这一战 7 年之后，魏桓子之孙魏文侯继承为魏氏领袖。尽管魏已经成为事实上的一方"诸侯"，但拥有的领地却被紧紧地包裹在中原晋西南一隅：向西一河之隔便是秦国，东边是一同参与瓜分晋国的新兴韩氏，北面赵氏的领地直接压在魏氏的头上，而南面则是秦、楚、郑的拉锯地带。夹在中间的魏氏，可谓"四战之地"，只能励精图治、挖掘这块土地上的潜力，才有可能在群雄环伺中生存下来，而后再图谋发展。

这时候，曾在秦魏边境的上地担任多年郡守的李悝，进入了魏文侯的视线。这个小小的郡守在上地推行"习射令"，当地邻里之间的纠纷官司，都要拿射箭比赛的结果来判断输赢。比起曾经贵族之间的以礼相待，这简直太简单粗暴了。

但这种简单粗暴，在三家分晋的时代，实在是可以通行天下的生存法则。于是，上地的百姓只能日夜习射，结果在和秦国的边境冲突中，上地郡人人皆兵，毫不吃亏。41 岁的郡守李悝，更是一跃从地方官而成为魏氏的相国。

对于中原农耕民族来说，成为霸主的逻辑其实可以简化成一句话：有更多的土地，能出产更多的粮食，能养活更多的人，能组建规模更大、战斗力更强的军队。

而在魏国所能控制的百里见方范围内，除去山川、村落占去 1/3，耕地大约还有 600 万小亩，可谓地少人多。种地的百姓勤快和不勤快，粮食年产量的差距差不多能达到 180 万石。所以，上任后的第一件事，李悝就要求尽可能地开垦荒地，将荒地分给农民耕种并收取"什一税"；同时，要求所有的百姓必须要杂种禾（粟）、黍、菽、麦、麻五谷，并且要充分利用土地空隙，以"尽地力之教"（《汉书·食货志》），提高单位面积的粮食产量。

这时候，大豆这种作物的特点就开始显露出来。大豆对土壤的要求不是十分严格，而且在新开垦的荒地上，或者是长期耕种、地力下降的土地上，还能利用大豆固氮的特点来改良土壤，适用于连年种植。

不过，比起传统的粟、黍等相对耐旱的禾类作物，种植大豆的需水量要高得多，几乎是粟的 3 倍。这也意味着，农民在种植大豆的时候，就得在灌溉这件事上花更多的劳动力，营建水利灌溉工程也成为必需。在魏氏治下的邺城，邺城令西门豹破除了"河伯娶亲"之说后，转手就征发百姓沿着漳河开挖了 12 道渠引水，使大片土地成为高产的良田。

法家的"始祖"李悝正是用这种方式，榨取着魏国范围内的土地和劳动力资源。很快，魏国迅速强大起来，有了当年霸主晋国的影子，开始向东西两线开疆拓土。

同样都是生产力相差无几的农耕社会，魏国的崛起必然会引来其他国家的模仿。同为三晋之地、比魏国土地更狭小的韩国，更是将"五谷杂种"发挥到了极致，尤其是种大豆这件事。

扩张的大豆养活的"藿食者"

公元前 311 年，当张仪前往韩国游说韩宣惠王时，一句话就捅到了韩国的大痛点：

韩国的地势险恶，不仅和魏国一样，处于中原地区的四战之地，而且国土范围内大多数是山地，农业生产的土地资源十分紧张，出产的粮食不是麦子而主要是大豆。老百姓吃的，大部分是豆做的饭和豆叶做的汤；如果哪一年收成不好，百姓就连酒糟和谷皮都吃不上。就算是这样，韩国土地纵横不到 900 里，粮食储备也不够吃两年，能养活的一线作战军队最多不过 20 万人（汉·刘向·《战国策》）。

实际上，不仅是在人多地少的三晋之地，至少在关东六国，五谷之一的大豆，在战国时期已上升到主食的位置，并且迅速地从排名靠后直跃至首位。在各种文献中，黍、稷并称越来越少见，而更常见的是菽、粟连用：

"菽粟不足，末生不禁，民必有饥饿之色"（《管子·重令》）、"圣人治天下，使有菽粟如水火"（《孟子·尽心章句上》）、"耕稼树艺，聚菽粟。是以菽粟多，而民足乎食"（《墨子》）……这些君主治国的方略教材中，主粮结构俨然已经完成变化，大豆甚至位列在粟之前，成为各国保障百姓民生、国家安全的首要问题之一。

从三家分晋到张仪游说韩国，地处七国中心的魏国、韩国发生的变化，正是中国大地上的巨大变革的典型写照：

大豆作为一种对土地要求不高、还能改良土壤，籽粒可以做主食、豆叶可以做配菜，虽然口感不太好但足以果腹的作物，在各国迅速推广开来。至少在关东黄河中下游的中原地区，大豆的种植已经十分普遍。大豆的种植面积，据估算，5 口之家可达 25%，8 口之家更是可能达到 40%。（《氾胜之书》："大豆保岁易为，宜古之所以备凶年也，谨计家口数，种大豆，率人五亩，此田之本也。"）

此外，随着铁器、牛耕，以及漳水十二渠、郑国渠、都江堰等大型灌溉系统的发展，提高了生产力，粮食产量逐步提高，各国的人口数量也直线上升。

据估计，西周控制的国土面积约 180 万平方公里，总人口 600 余万；春秋战国时期，诸侯国的总面积约为 200 万平方公里，春秋时人口数量约为 1400 万，而到了战国末年，人口数量更是达到 3000 万。以人口密度较高的三晋地区为例，春秋时，晋国的面积约为 27.2 万平方公里，人口数约为 250 万，而到战国时期的赵、魏、韩三国，人口分别达到了 400 万、350 万和 150 万，人口密度大约是春秋时的 3.5 倍。

随着人口的增长，在魏国，由于民居田地众多，一度连养牛牧马的空地都没有了（汉·刘向·《战国策·魏策三》）。在东边，齐国的人口密度也达到了春秋时的约 2.6 倍，仅在齐国临淄城中就有 7 万户人家，是个"联袂成荫、挥汗成雨、摩肩接踵"的繁华都市（《晏子春秋》）。

然而，如此高速的人口增殖背后，大量新增人口的生活水平却陷入了愈加悲苦的境地。由于先秦时期人们还不了解大豆的营养价值，制作方法也主要是粒食，只能和着大豆叶子熬的羹当粗粮吃。数以千万计拿大豆叶子下豆饭的平民，被称为"藿食者"，由大豆喂养的他们被卷进这个宏大的时代，成为诸侯们谋求国力强盛，进而攻城略地、一统天下的战争资源。

不讲武德的年轻人和战争燃料

首先打破战场上的平衡的，是一个"不讲武德"的卫国人——吴起。

公元前389年，吴起率领的5万魏军在阴晋之战中，一举将十倍于己的秦军击溃，成为魏国崛起、称雄战国初期的关键性战役。而这支以一当十的军队，就是由吴起主导组建，名为"魏武卒"的精锐重装步兵部队。在战略战术上，吴起则是一个不折不扣的"不讲武德"的兵家。

在吴起看来，作战要根据对方军队的特点，有针对性地运用诱敌、离间、水攻、火攻等战术，根本不需要再考虑"仁义"这回事，敌军列阵未毕、行军半渡、没吃完饭等，都可以"急击勿疑"（《吴子》）。从这时起，战场上的各种"诡道"也成了军事理论的"正途"。像城濮之战开打之前，晋文公率军退避90里，礼让楚成王这种"以礼为固、以仁为胜"（宋·《武经七书·司马法》）的打法，从此再也不会在战场上出现了。

为了贯彻这种军事思维，吴起组建的"魏武卒"部队，与春秋时期以战车为战术核心的兵种配置方式有着天壤之别。在以纯步兵组织起来的严密军阵中，个人的勇武不再是战斗胜负的决定因素，令行禁止的集体力量才最为关键；身披重甲作战的士兵，代表着战阵中的杀戮极其残酷，丧生的概率极高；战斗也不再像春秋时那样，往往交战一天就可以宣告结束，旷日持久的拉锯和消耗，也不再回避春耕秋获的时令；战场胜负的标志，是由两头士兵的生命组装成的"巨兽"，直到流完最后一滴血。

这种战术上的变化也让战国七雄之间的战争形态，演变成了你死我活、消灭对方有生力量、以彻底击垮对方战争实力为目标的灭国战。这种惨烈的战争，反过来也意味着，任何一个以称雄为目标的国家，都需要尽可能养活更多的人，并且能够自上而下尽可能多地动员人力、物力。于是，以战争为先的集权机制出现了。

◎ 战国时期青铜匕首斧

1971 年发掘于河南新郑。

◎ 战国铜人

从春秋末年开始，原有的井田制就已逐渐解体，在李悝、商鞅等人的变法中，开始以法令的形式废除井田，实行土地私有，并按亩征税。势力强大的各级贵族被瓦解成一个个大小地主，而治国则由领取粮食俸禄的官僚们来负责，中央集权、郡县制、征兵和常备军制度逐一而出，战国时期，成为"古今一大变革之会"（清·王夫之·《读通鉴论》）。

那些因国君的"恩惠"而得到授田的小自耕农，最重要的义务之一就是服兵役，并成为各国军队的主力。一遇大战，全国壮丁倾国而出，征发的年龄下至 15 岁，上至 60 岁。吃着"菽饭藿（指大豆叶）羹，啜菽饮水"、在卑微中生活的农民，在田间地头被征召起来，放下农具，拿起刀枪，一批一批地被驱赶向战场，投入血腥的绞肉机中，变成战争机器的生命燃料。

因此，才会有放下武器投降的 40 万赵军，除 240 名少年兵之外，其余被秦军坑杀殆尽，他们就像燃尽的豆萁一样，成为历史车轮下的灰烬。

其在釜下燃，豆在釜中泣

400 年严寒的序幕

及至"吞二周而亡诸侯，履至尊而制六合"，而后陈涉"斩木为兵、揭竿为旗……山东豪俊遂并起而亡秦"（汉·贾谊·《过秦论》），经历了长达 500 年的战争时代，直到汉初，社会终于渐渐稳定，在减轻赋税、徭役、刑罚等休养生息的政策之下，国家经济才慢慢复苏。

由于大豆相比粟来说，单位面积产量要低，而且粒食的口感也要差很多，不易消化。随着黄河流域农作区保墒技术的提高，粟的产量进一步被发掘；同时，在董仲舒的建议下，关中地区也开始大面积推广冬小麦种植。粟和麦主食地位的上升，让大豆的地位随之退居其后。据记载，到汉武帝时期，大豆在农作物中的种植比例已由战国时期的 25%—40%，下降到 8% 左右。

不过，好景不长。公元前 131 年（西汉元光四年）的四月，本来已经快到立夏，结果突降严寒，霜冻冻死了草木；公元前 114 年（西汉元鼎三年），本来已经是春耕季节，结果"三月水冰，四月雨雪"，直接导致当年发生粮荒，"关东十余郡人相食"（汉·班固·《汉书·武帝纪》）。关于严寒的记载，到了王莽时期越来越多。16年（新莽天凤三年）二月，关东的大雪深达一丈，栽种的竹柏都被冻死了；17年（新莽天凤四年）八月，王莽为显示权威而铸造威斗的那天，却突降大寒，百官人马中，有人竟直接被冻死（汉·班固·《汉书·王莽传》）。

王莽时期的这场严寒，还只是前奏。到了东汉末年，气候再度转冷。183年（东汉光和六年）冬，北海、东莱、琅琊等郡，连水井中都结了厚达尺余的冰（宋·范晔·《后汉书·五行志》）。也正是在这一年冬天的严寒饥荒中，"太平道"张角与徒众谋定，次年三月初五揭竿而起。

这场严寒拉开了中国长达约400年的寒冷气候时期的序曲，这是整个地球的寒冷时期，比起明末的小冰河期，有过之而无不及。白雪和冰冻，也成为400多年的三国两晋南北朝大分裂、北方游牧民族入侵，"五胡乱华"时期的协奏。

在这寒冷而干旱的年代里，"保岁易为，以备凶年"的大豆再次踏上了扩张之路。

大豆的"衣冠南渡"

215年（东汉建安二十年）七月，曹操率军西征割据汉中的张鲁，兵至阳平关。曹军要越过险峻的秦岭输送军粮，显然困难重重。为了支撑后勤线，曹军虽然在关中抢收豆、麦作为补充，但还是遭遇了粮食危机（晋·陈寿·《三国志·魏书·陈群传》）。

257年（曹魏甘露二年），魏将诸葛诞联合东吴在淮南起兵反抗司马氏。刚刚执掌朝廷大权的司马昭，率军号称50万，东征平叛，并在淮北地区就地征集军粮，每个士兵都得到了3升当地仓储的大豆（房玄龄等·《晋书·文帝纪》）。

澳·雪影耀江光一桿漁人十指僵
談泊林皋何事穩肯隨風浪酒為鄉
崇禎十四年入夏大旱憶春雪連
綿寫此小景就題見志
無邊居士項聖謨

◎ 《雪影渔人图》轴

明 项圣谟。画面中树叶落尽的粗壮老树被皑皑白雪覆盖，水边，渔夫披簑衣，戴斗笠。遥遥望去，四周一片沉寂。

一直到 479 年（北魏孝文帝太和三年），在北魏西北方向的雍、朔二州，以及袍罕、吐京、薄骨律、敦煌、仇池镇，竟在这年的七月降下大霜，导致大量的大豆被冻死（北朝·魏收·《魏书·灵征志》）。

而在南朝，气候的转冷也利于南方大豆种植面积的扩张。随着北方移民的迁徙，大豆也随之"衣冠南渡"。在江西九江，隐居的陶渊明便整日于诗酒相伴下，种豆于南山。

从黄淮中原到燕赵华北。从关陇三辅到浙东江西，大豆随着人们的脚步，将种子撒满各地。在这 400 年的严寒中，中原长期的割据、北方游牧民族的南下入侵、战争连绵不断，都促使着禾菽遍野、菽粟并重的景象重新出现，也让无数贫民赖以苟活下去。

尾声：煮豆燃豆萁

乱世之下，在王公贵族们的餐盘中，豆饭藿羹似乎也是一种常见的、能让他们感慨人生的食物。

220 年（东汉延康元年）正月，66 岁的曹操病死，曹丕升魏王；同年十月，汉献帝被迫禅让，曹丕称帝，改元为黄初元年。由于害怕那个"才高八斗"又有政治志向的弟弟觊觎帝位，曹丕便想方设法地要除掉曹植。

在同胞手足相残的悲愤中，曹植写下了那首后来被认为是七步之内作成的诗：

> 煮豆持作羹，漉菽以为汁。
>
> 萁在釜下燃，豆在釜中泣。
>
> 本自同根生，相煎何太急？

从春秋到战国，从三国到魏晋南北朝，这片土地上的百姓又何尝不像漫山遍野的大豆一样，燃烧自己的生命，在滚烫的金釜中翻滚沉浮，喂养

《陶渊明归去来辞图卷》

元 佚名。陶渊明，东晋末南朝宋初的诗人，号"五柳先生"，曾入朝为官，但不久便归隐田园。他是中国第一位田园派诗人，著有《陶渊明集》。《归去来兮辞》描绘了他脱离仕途、回归田园的生活。美国克利夫兰博物馆藏。

魏文帝曹丕

◎ **魏文帝曹丕**

选自《历代帝王图》卷。唐代阎立本绘。曹丕,曹操次子。曹操病死后,袭封魏王、丞相。延康元年（220年）,曹丕代汉称帝,改元黄初,是为魏文帝,定都洛阳。

出一个又一个强盛的帝国,又颠沛于一个又一个喧嚣乱世。当他们本应操持铁犁的手紧握起刀枪,在漫天的飞沙或冰雪中,鼓起毕生的勇气,齐步踏向敌阵的时候,才发现对面站立着的,原来也是和他们一样同根的卑微生命。

◎《辛毗引裾图》

元至明时期绘画。魏文帝曹丕想迁十万户将士家属来充实河南，而当时正值大旱，民不聊生之年。朝中百官都认为曹丕此时这样做是非常不可取的。可曹丕固执己见，一意孤行，坚决要迁。曹丕甩手要走的时候，辛毗一把抓住了他的衣角，与他据理抗争。曹丕无奈，只得退步妥协。

小麦的召唤，张骞『凿空』西域的隐秘动力

2020 年 12 月 10 日，国家统计局发布数据，2020 年全国粮食总产量为 13390 亿斤，比上年增加 113 亿斤，增长 0.9%，中国粮食生产实现连续 17 年丰收，产量连续 6 年保持在 1.3 万亿斤以上，中国人均粮食占有量已超过 470 公斤，持续高于人均 400 公斤的国际粮食安全标准线。

然而，数据显示，40 年前的 1980 年，中国每个农业劳动力生产粮食 1101 公斤，人均年占有粮食 320 多公斤。而在汉代，每个农业劳动力年产粮食 1000 公斤左右，人均年占有粮食 320 公斤。2000 多年来，中国的人均粮食占有量几无提高。

换句话说，在汉代，农耕中国的个体农业劳动生产率，就触到了动态平衡的"天花板"，此后 2000 年，它仿佛就被某种无形的力量"锁死"了。这一切的起点，或许要从公元前 139 年，一次伟大的西行探险开始说起。

公元前 139 年（西汉建元二年），已经登基两年的汉武帝刘彻，终于年满 18 岁了，他希望从今以后由自己来决断更多的国家大事。其中之一，便

是困扰汉帝国数十年之久的匈奴边患。

于是，一支 100 多人的队伍，由郎官张骞率领，以曾经的匈奴战俘甘父为向导，从长安出发前往西域，准备联络月氏人夹击匈奴。不料张骞等人却在穿越河西走廊时被匈奴骑兵俘获，与长安失去了联络。直到 13 年后的公元前 126 年（西汉元朔三年），历经磨难的张骞和甘父两人终于回到了长安，他们并没能完成远交月氏、近攻匈奴的使命。

又过了 7 年（西汉元狩四年，公元前 119 年），已经是中郎将的张骞，再次率领 300 多名随员出使西域，意图劝说乌孙东归，并联合西域诸国。尽管这次出使依然没有完成既定的目标，但张骞的脚步横跨大宛、康居、大月氏、大夏，并且带回了安息和条支等国家的消息。

这是为我们所熟知的张骞出使西域的故事，司马迁将这次探险称为"凿空西域"，张骞、班超以及更多后来者的脚步，勾连起了一条连通亚洲、非洲和欧洲的路线。沿着这条被称为"丝绸之路"的大陆桥，使团和商队往来继踵，也带来了葡萄、苜蓿、石榴、芝麻等中国人陌生的农作物。

世界上没有无因的果。当我们将张骞的这两次探险置于更加广阔的时间与空间中时，就会发现，无论是对匈奴的自卫反击，还是商贸流通，都并非中国向西派出探险家的根本动力。

彼时彼刻，这个东方文明古国在经历了"文景之治"后，遭遇了一场空前的"人口危机"。而从长安西去 12000 余里、"西海"边的条支（位于美索不达米亚地区），就是大汉使者西行抵达最远的地方（汉·班固·《汉书》）。这里正是另一个人类文明孕育地，也是单粒小麦的驯化起源地——"新月沃地"。

汉武帝的困惑

公元前 140 年（西汉建元元年），年轻的汉武帝刘彻即位的第二年。经过 70 多年的发展，父亲汉景帝交到他手上的国家，此时呈现出了一番矛盾

◎ 《葡萄图》轴

明 石玠。

冬迁

的景象。

当时，国家经济着实繁荣，国库丰盈，京师国库里收储的钱，因为长期不用，穿钱的绳子都腐朽了；太仓粮库里的陈粮压着陈粮，都溢出仓外而露天堆积。这是"文景之治"给年轻的汉武帝刘彻留下的宝贵财富。

照理说，在这样的局面下，老百姓的生活应该也很安定富裕。但事情却没有想象中那么美好，国内的游民一点儿也不见少。早在文景之时，两位皇帝倚重的大臣贾谊和晁错就关注到，遇到不好的年景时，农民就很容易破产而"请卖爵子"（汉·贾谊·《论积贮疏》），"游食之民"在乡间四处漂泊流浪（汉·晁错·《论贵粟疏》）。

在他们的建议下，虽然国家制定了重农抑商、入粟受爵等一系列政策来鼓励百姓"归农"，并且不时减免赋税，税赋最低时的公元前 155 年（西汉景帝二年），农民只需要缴纳粮食收成的 1/30，但依然还有不少游民无法归耕于田。

这些原本可以安居乐业的人却走上了流浪之路，不得不说与土地兼并有着必然的关系。但即便是失去土地成为佃农，他们也依然会在土地上奉献自己的劳动力。那么，游民的出现，就可能还有另一个重要原因。

公元前 156 年（西汉景帝元年），在汉武帝刘彻的父亲刘启成为大汉皇帝的第一年，他就下了一道诏令，各方郡国之中，有的地方土地瘠薄不利

◎ 汉 铜灶

舟形青铜质灶。

于农桑，有的地方水利发达、土地肥沃，如果老百姓有想要迁徙的，那就听他们自便吧（《汉书·景帝本纪》）。这道诏令，揭开了游民问题背后的另一个原因：局部地区人多地少，已经造成了粮食短缺。

此时，尤其在长安关中地区，由于人们从四面八方汇集而来，已经显露出地少人众的态势了（汉·司马迁·《史记·货殖列传》）。后来，司马迁著《史记》时，记载了 19 个侯国的人口数字，从公元前 200 年左右开始，到文景时的两三代人时间里，人口大都增长了 2 倍乃至 3 倍。这对生产力尚不发达的时代来说，压力是巨大的。

也正因此，在即位第二年（西汉建元元年，公元前 140 年）的七月，汉武帝刘彻就下了一道重要的诏令，他将原先属于皇家养马的广阔苑囿，赐给无田的百姓改为农田耕种。但皇家公地只不过是杯水车薪罢了，他的目光在大汉的疆域图上扫视，寻找着破解之策。

这一年，还有两个人，先后来到汉武帝刘彻的身旁。五月，年仅 13 岁的洛阳商人之子桑弘羊，因为擅长心算，被特拔入宫，任命为侍中，在天子身边伴读；同年十月，汉武帝下令让各地推举贤良方正、直言极谏之士，河北广川人董仲舒，以《春秋》和天子论策入选。少年天子将这些有识之

◎ 董仲舒

西汉时期著名的思想家、教育家。汉景帝时任博士。他系统地提出了"天人感应""大一统""三纲五常"等学说。

士留在身边，希望借由他们的智慧，来施展自己的雄图大略。

面对地少人众的矛盾，年轻的皇帝会作出什么样的选择？

匈奴未灭，无以为家

公元前 129 年（西汉元光六年）春天，继 4 年前与匈奴关系正式破裂后，汉军公孙贺、公孙敖、李广等老将，各率万骑出击匈奴。在北上的各路大军中，还有一位年轻的车骑将军——卫青。

这位曾经给人牧过羊的私生子，是第一次率军与匈奴作战。然而，在几路大军中，只有卫青这一路在龙城之战中取胜，斩杀匈奴 700 余人。尽管这只是汉军大败绩中的微弱亮点，但这已经是立国以来，汉军对战匈奴的首次胜利。随着战争的推进，卫青的军事天赋愈加显现：公元前 128 年（西汉元朔元年）秋，卫青领 3 万骑出雁门，斩首俘房匈奴数千人；公元前 127 年（西汉元朔二年），卫青率军从云中郡出发，大范围迂回到匈奴侧后，收复了河套地区的"河南地"，后设为朔方郡、五原郡。

从此，汉军扭转了在对匈奴战争中一直以来的退守之势，开始向匈奴展开了大举进攻，双方在边界上展开了全线战争。除了卫青在前线屡建奇功之外，他的外甥霍去病也开始在卫青军中崭露头角。这两个年轻的军官仿佛是汉军的战神，在他们的带领下，汉军兵锋直指大漠以南。公元前 121 年（西汉元狩二年）秋，匈奴休屠王死、浑邪王降汉，整个河西走廊全部落入汉王朝的控制之下。

为了褒奖骠骑将军霍去病，汉武帝刘彻下令修盖了全新的宅邸，想让霍去病去看看。然而，霍去病只是淡淡地回答皇帝，匈奴还没有消灭，"无以家为也"（汉·司马迁·《史记·卫将军骠骑将军列传》）。这一句话，看似是霍去病的谦让之辞，其实更是彼时整个汉家的呼声。

当这个庞大的帝国内部稳固了自己的基本盘，人多地少的矛盾愈加突出，那么，向外开拓更多的土地，使之纳入自己的疆域，是一个相对直接

◎ 西汉步兵

1965 年在陕西咸阳将军墓发掘出土。

的选择。毕竟，先周时的诸侯分封，实际上也带着武装拓殖的意味。

所以，张骞受命出使西域，更像是汉王朝派出的一个"斥候"，在战争迷雾笼罩的无边空间中，探索出文明未来可能的拓展之地。事实上，这位"斥候"在西域大夏国见到过蜀布和邛竹杖，就通过大致方位推断身毒国（古印度）离蜀地不远，提出尝试探索西南"丝绸之路"的建议（汉·班固·《汉书·张骞传》）。

同样都在努力驱散世界的迷雾，北上的汉朝和南下的匈奴在大漠草原上迎头相撞，也就意味着，如果不搬走面前横亘着的壁垒，民族的未来也很可能"无以为家"。汉家开疆拓土的另一面是，丢失了河西的匈奴发出了"失我焉支山，令我妇女无颜色；失我祁连山，使我六畜不蕃息"的悲怆歌声（佚名·《匈奴歌》）。

也正是在霍去病收复河西之后，汉王朝随即在这里设置酒泉、张掖、敦煌、武威四个郡。两年后的公元前 119 年（西汉元狩四年），大汉从东部多个遭受水灾的郡县共迁移大约 72.5 万受灾流民，来到西北边疆的这四郡安置（汉·司马迁点·《史记·平准书》）。

撑过艰难而又辉煌的日子

然而，文明向外的生长和交锋，势必空前激烈与残酷。正值盛年的汉武帝刘彻实在太忙了，他要经略的不仅是西北方向，东面的朝鲜、南面的闽越、西南的南越，都需要他付出心力。他的时间远远不够用，因为汉帝国开始有些气喘吁吁，赶不上他的脚步了。

公元前 119 年（西汉元狩四年），卫青和霍去病各领 5 万骑兵，深入5000 里之外的漠北，寻歼匈奴主力。在汉武帝刘彻的期望中，这一战能彻底击垮匈奴而一劳永逸。然而，大军去时旌旗蔽日，回时却干戈寥落。28岁的郎中司马迁看到，两军出塞时，只军马就有 14 万匹，而到凯旋入塞时，却只剩下了不到 3 万匹（汉·司马迁·《卫将军骠骑列传》）。

这样的战损实在太可怕了。自元朔年间战争逐次升级以来，军费抚恤、水利兴修、救灾移民的各项开支越来越大，耗费钱粮数以百亿计，即便文景时国库丰裕，但再厚实的家底，也经不起这样的消耗。更何况，商人们还积贮财货、冶铁煮盐，拥有着大量财富，他们的财富不但帮不上国家的忙，反而让老百姓的日子更苦了。

也正是在汉军远征漠北这一年，汉武帝刘彻任命大盐商东郭咸阳、大冶铁商孔仅为大农丞，负责盐铁官营事务，以求增加财政收入。而当年那个心算小神童桑弘羊，作为侍中，也开始参与到盐铁官营的规划中。为了确保整个财政改革计划的顺利推行，一系列严苛的法令也逐一而出（汉·司马迁·《史记·平准书》）。

但是，盐铁官营、推行五铢钱等政策，让汉武帝刘彻的另一位资政大臣董仲舒感到了焦虑。反复思忖之下，他甚至不惜借秦亡的例子来力劝皇帝："尽管古时候的井田制难以恢复，但至少可以限制一下私人占有土地的数额，阻塞土地兼并，以便让没有土地的人获得一点田地，减轻赋税徭役，节省民力，只有这样国家才能得到良好的治理。"

与此同时，董仲舒还建议道，提高粮食生产量，才是国家收入提高的根本因素。董仲舒还提议，关中地区的百姓一向不习惯种麦子，但麦与禾是古时圣贤最为看重的，所以希望大农令让关中的老百姓多种冬小麦（宿麦），不要误了农时（汉·董仲舒·《乞种麦限田章》）。

尽管麦作早已在西亚被驯化，并且在中国的商周时期就有种植，但直

099

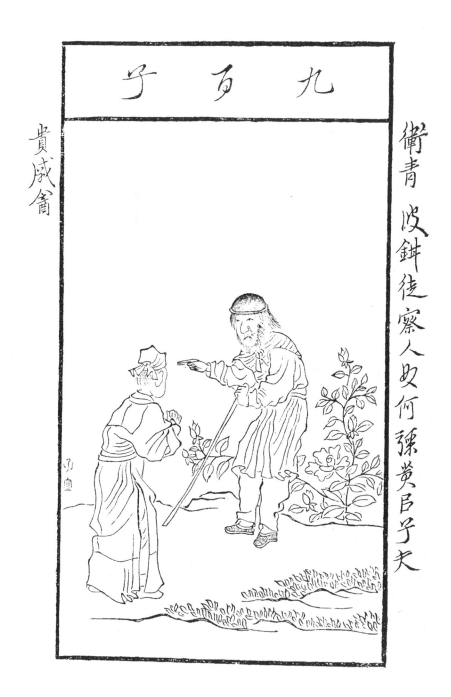

九百子

貴威禽

衛青 皮鞋徒察人丈何辣其臣子夫

◇ 卫青

西汉时期名将，汉武帝第二任皇后卫子夫的弟弟。在汉匈战争中，曾七战七胜，收复河朔、河套地区，击破单于，为汉朝拓宽北部疆域作出巨大贡献。

◎ 汉骑马俑

到公元前 2 世纪的末尾，在关中京畿地区，正如经济专家桑弘羊先后出任过的治粟都尉、搜粟都尉的官职显示的，小麦还没有被这里的农民们普遍接受。而在董仲舒的家乡，也就是关东地区，麦作反而比关中更盛行。

此时此刻，在汉武帝刘彻看来，他的汉家骠骑还要在草原上呼啸来去，像匈奴人一样横扫着匈奴人；那些迁居到西北边塞的移民，也需要天子给予他们一个安顿；还有大量的水利工程等着兴修……等着他去做的事，实在是太多太多，他的时间远远不够用。汉武帝还需要桑弘羊继续发挥他的理财能力，推均输法、创平准法、纳粟拜爵，来撑过这虽艰难却辉煌的日子。

至于麦子的事，再等一等吧。

大转折：轮台罪己

然而，再强韧的弓弦，也有崩断的一天。在汉家骑兵最辉煌的顶峰，霍去病和卫青两位"军神"先后病逝。在公元前 100 年（西汉天汉元年），汉与匈奴战端重开，次年，汉将李陵在绝境中被俘投降；又过去 9 年，贰师将军李广利在全军溃乱中投降。

如果说李陵的投降，还会让汉武帝刘彻感到愤怒，那么李广利的投降，数万汉军葬身大漠，则让他常常心生悲痛。汉武帝内心中曾经熊熊燃烧的烈火，如同浇上了一盆冰冷的雪水。

就在这时，桑弘羊不合时宜地提醒道，趁着军队在西域车师的胜利，应该加强轮台地区的屯田，以便稳固住好不容易推进的战线。然而，汉武帝的回话，仿佛完全变了一个人似的："轮台遥远，又要屯田，又要起烽火台，这是使天下人受惊劳累，而不是优待百姓啊，我现在不忍心听到这话。"（汉·班固·《汉书·西域传·轮台诏》）

此时也已是一个老人的桑弘羊，一定有些错愕，否则他也不会在后来的盐铁会议上依然坚持己见。尽管仍是这个国家倚重的财政专家，但有一笔账，他还是没有算明白。

经过了 30 年的努力，汉军的兵锋越过长城，终于推进到了大漠，但这里并非汉家子弟们所熟悉的风景。地广人稀的草原上缺少树木和水源，不像他们的家乡那样时而飘起雨滴，取而代之的则是风雪。就在征车师的时候，虽然西域沿途多国准备了大量的食物，但远征的汉军却依然有人饿死在路上（汉·班固·《汉书·西域传·轮台诏》）。

一条 400 毫米等降水量线，将华夏大地分成了东南与西北两大半壁。不同的自然环境，造就了不同的农业生产结构，而农耕或游牧的差异，又导致了热量转化效率的不同。现在，中国人均消费粮食主要仍由谷物来体现，而生长 1 公斤牛肉大约需要消耗 8 公斤谷物饲料，因此，中国的年人均粮食消费量大约只有美国的 40%。

当汉军突破农牧分界线、深入大漠地区后，这种成本效率的不同就开始显现出来。在适宜畜牧业的草原上改种粮食，本来就是一件更为困难的事；而如果汉家得到了草原后，也同样经营畜牧业，并不能有效地解决长城内地少人多的问题——或多或少的，在经历了二李之败后的汉武帝刘彻已经感觉到了这一点。

天子终于累了。他告诉所有的朝臣，从今往后，停止那些严苛的执法吧，不要轻易提高赋税了，大家要努力发展农耕。在生命的最后两年里，他将搜粟都尉这个官职交给了一个此前名不见经传的官员——赵过。不久之后，汉武帝刘彻就告别了这个他曾创下辉煌的时代。

点开了"精耕"科技树

既然开疆并不是一个高效率的手段，那么对一个人口密度高、由小自耕农支撑起来的国家来说，最符合生产规律的事，就是集约式耕种、使劲提高土地的出产率。那个刚刚被选任为搜粟都尉的赵过，很快就拿出了他的方案：

为了适应黄河流域土地的旱作特性，需要在土地上开一尺宽、一尺深的沟，将种子播种于沟中；在中耕除草时，再将两边的垄土耙下来，保护作物，防止被风吹而倒伏，并起到保持水分的作用，地里开沟的位置，每年都有轮换，因此称为"代田法"。

为了适应"代田法"，耧车、耦犁等农具也被开发出来，而耦犁需要2牛3人一组配合使用，也进一步促进了牛耕的应用；耕地的犁铧，也从钝角三角形改成了锐角三角形。

经过在皇家公地的试验，"代田法"和配套的耕作技术取得了增产，至少比不分垄和畎的"缦田"每亩多收一斛以上。为了推广这些新的农业技术和工具，赵过组织三辅地区地方官、农村基层的首领，并且招募了众多种田能手进行训练，而这些人又进一步在关中大地推广新农技（汉·班固·《汉书·食货志》）。

新农技和新农具的应用，对于开垦荒地也有着推动作用。依然有着战时机制余威的国家政令，很快就将这些农业技术推广到了远在边疆的地方。赵过在关中初试"代田法"之后2年，居延边地也已经开始实行，有了"代田"和"代田仓"的记载。与此同时，在农业增产的大目标下，小麦也要等来它在汉地的一个"春天"了。

◎ 汉代 陶风车和舂米碓

　　河南省济源市泗涧沟出土。河南博物院藏。

小麦之春

除了通过这些农业技术和农具的革新来提高作物的单位面积产量之外，粮食增产的另一条路径，则是高产的新作物品种。

因此，当我们再次回溯大汉的君臣将目光投向西域的那一刻，也就能理解，当大汉文明在对外探索未来发展的土地空间时，势必也能注意到其他文明的生存方式，其中就包括了新的农作物品种。葡萄、苜蓿、石榴、芝麻、大蒜……这些西域的农作物，即便不是由张骞使团带回，也是沿着丝绸之路纷至沓来的。

巧合的是，丝绸之路最终抵达地中海东岸的两河流域，由美索不达米亚平原、地中海东岸等连接而成的月牙状的广大区域，被称为"新月沃地"，和古老的中国一样，这里也是世界农业革命的起源地之一。这块沃土和黄河流域纬度相似，而丝绸之路所经的塞琉西亚城（今伊拉克巴格达）和长安的纬度都在北纬33°，这就更是为新作物的迁徙打开了方便之门。

冥冥之中，"凿空"西域仿佛就是小麦故乡的一次召唤。就在"新月沃地"的最北端，现存世界上最古老的神庙遗址哥贝克力石阵附近，人们发现了成熟后等人类采收的小麦突变品种——单粒小麦（截至目前，中国还没有发现野生小麦祖本）。尽管在这次物种大交流中，并没有新的主粮作物品种到来，但来往的使者们一定会发现并得到证明，小麦是一种产量更高的作物。

相比春秋战国时期，被作为主粮之一而广泛种植的大豆（详见《煮豆燃豆萁，逐鹿中原的生命燃料》），小麦的单位产量大约是大豆的2倍，这样原本养活一个人的土地，就能养活两个人；同时，由于冬小麦秋种夏收，它就有可能和粟或者大豆进行搭配轮种，解决青黄不接的问题；另外，粟是短根，而麦的长根有助于疏松土质，适合地质紧密的黄土地，同一块土地进行粟、麦、豆轮种，能够养活的人口也就更多了。

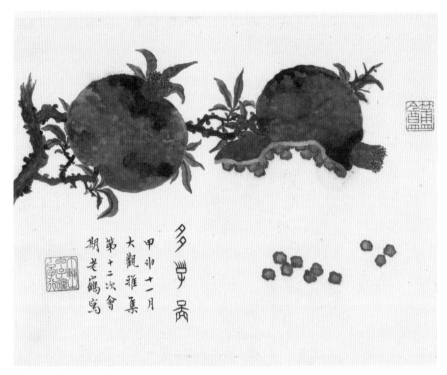

⊙ 石榴

选自《果品图册》。近代丁辅之（1879—1949）。

　　曾经被忽略了的董仲舒的提议，渐渐得到了重视。汉成帝在位（公元前33年—公元前7年）时，一位家乡在山东氾水的政府官员受朝廷派遣，以轻车使者的名义，来到关中三辅地区，监督并大规模推广麦作。

　　在这位官员看来，小麦有着"首种"的地位。在指导麦作的同时，他也在自己的工作笔记中详细记录了耕作的各种方法。其中，在三辅地区的耕作中，人们就可以充分利用麦和粟的种植季节差，只要粟一收获，就可以开始在同一块地里种麦。

　　除此以外，他还在前人赵过的基础上精心总结出了一套"区种法"，将田地画成小区块，在小区里精细地使用劳力和肥料。在种麦子的时候，播种覆土厚2寸，一行一沟种52株，一亩93550株，大约用种2升，秋冬季节各有不同的护理方法（汉·班固·《汉书·艺文志》）。

◎ 来牟

选自《诗经名物图解》，细井徇绘。《诗·周颂·思文》中"贻我来牟"，其中"来"和"牟"都是指麦子。朱熹说"来"是小麦，"牟"是大麦。

汉武帝时期的各种水利工程也帮上了忙，他在位时在关中地区修建的龙首渠（中国第一条地下渠）、灵轵渠、六辅渠、白渠、漕渠等许多水利工程，形成了泾、渭、洛三大渠系；在开通西域后，水利设施甚至修到了边境屯田地区。麦、豆作物耗水量大约比黍、粟高出大约一倍，水利设施的保障，也让关中地区的麦作开始繁茂。甚至在边关的居延、敦煌等地，麦作也成了边防吏卒和普通百姓屯田的主要作物之一。

这位官员的名字，叫作氾胜之。他将禾麦等五谷主粮以及瓜、瓠、芋、桑等13种作物种植经验，记录编纂成册。这18篇农作笔记，被后人称为《氾胜之书》。在他的笔下，土地的精细利用、对每棵作物的精心照料，几乎达到了园艺的水平。而这种精耕细作的农业原则和方法也利于狭小土地资源的开垦利用，甚至于直到今天，在中国大地上仍然依稀可见。

被锁死 2000 年的农业

在华夏大地的北方到西北方向上，"阴山—鄂尔多斯高原东缘（除河套平原）—祁连山脉（除河西走廊）—青藏高原东缘"这条地理分界线，是一条农耕民族实在难以逾越的农牧分界线。

随着汉武帝刘彻的轮台诏令扭转了政策方向，汉民族向西北方向拓边的雄壮步伐暂时告一段落。此后，汉代的耕地面积持续增长，从汉武帝时的 4100 多万市亩增长到 48000 万市亩左右后基本稳定。

随着大量荒芜的土地被开垦为农田，种植高产但耗水量大的农作物又需要水利灌溉设施的开发建设，久而久之，这就导致森林、湖泊遭到破坏，水土流失，生态失衡，自然灾害频发，同时也让土地的肥力不断下降。

实际上，汉武帝时期关中地区修建的水利设施很快也碰到了问题。龙

◎ 东汉绿釉弦纹熊足陶仓

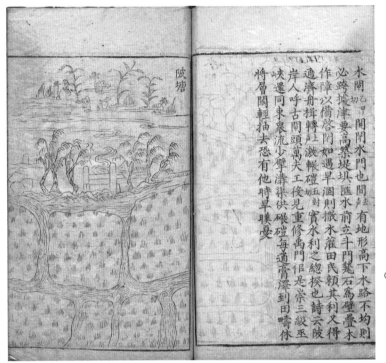

陂塘

水閘
乙里閒閒水門也間於有地形高下水路不均則
必跨塢津要高築堤堨匯水前立斗門甃石為壁疊木
作障以備啓閉如遇旱涸則撒水灌田民賴其利又得
通濟舟揖轉圩激帳磑砬對實水利之總揆也詩云陂
岸人呼古閘頭萬夫工俊見重修禹門伹是崇三綏巫
峽還同束衆流少聲濤渠供碾磑每通青澤到田疇休
忨曾閱輕抽去恐有他時旱暵憂

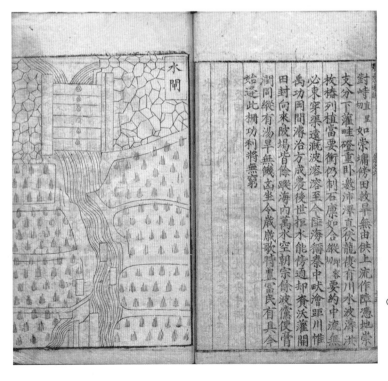

對峙直里如崇塢坿田牧旱無由供上流作陂憑地崇
支分下灌畦礧重卧數沛澤真伏龍優有川水波濟洪
枝椿列植當要衝仍制石凛如縱客要約中流無
必束穿渠遠溉波溶溶至今陛海稱疊中畎澮距川惟
禹功周閒濤治方戌農俊世柜木能傍通却賛沃灌開
田封向來陂塢皆餘興海内萬宗餘波儻愛青
潤同縱有湯旱無饑宜坐今歲歲歌時豐富民有其令
始逆此挧功利將無窮

◎ 蓄水坡塘

指堤上可种桑，塘中
可养鱼，水可灌溉，
农、渔、副可持续发
展的生态农业。选自
中国元代农学家王祯
著作《农书》。

◎ 水闸

主要用于控制水位和
水流，防渗防冲。选
自中国元代农学家王
祯著作《农书》。

109

首渠解决不了塌方问题，溉田效果并不显著；白渠运行时间长久之后，容易淤高渠道和农田，导致田高于渠，渠高于泾，破坏了整个灌溉系统。而黄河中游地区的开垦种植面积越大，水土流失也越严重。

等到 700 年后，那个同样强大的唐帝国再次注意到小麦的时候，将会引发更为严重的生态失衡。从那以后，中原王朝的帝王就只能在梦中回望长安了。

种植农业"对内挖潜"的另一面，则是在赵过、氾胜之以及后世一代代农学家的指导和推动下，汉民族从此坚定地走向了精耕细作。农民在自己仅有的一点点土地上，甚至是房前屋后的半分薄土上，见缝插针地种植各种各样的作物，毫不吝啬地投入自己的劳力，春夏秋冬连续耕作，只期待产出能多一些，更多一些。

在有限的土地资源环境下，农民们为了提高粮食产量、获取足够的热量，就要投入大量人力，所以每个家庭都将希望寄托在增添男丁上，而增殖的人口，紧接着又会带来粮食不足的问题。中国传统的种植农业就被锁死在这样一个怪圈中，

汉代人口顶峰时约为 6000 万，人均占有耕地约为 8 市亩。到 1949 年时，中国耕地面积达到 14 亿余市亩，人口达到 5.4 亿，每人占有的耕地面积降低到大约 2.6 市亩。自西汉以后，中国的农业劳动生产率和人均粮食占有量，也就只能长期徘徊在汉代已经达到的水平线上。

尽管每一个农民家庭将自己的每一滴汗水都抛洒在田地里，却根本无力改善紧张的环境资源、艰苦的生产条件以及低下的生活水平。及至中华人民共和国成立前，中国农业生产已经处于停滞状态：1949 年，中国人均粮食占有量甚至只有约 208.9 公斤，甚至还不如 2000 年前的汉代。中国人均粮食占有量要突破这块看不见的枷锁，产量真正开始飞跃，还要等到 20 世纪 80 年代以后。

先人曾为了争取文明的拓展空间而热血奔涌，也曾为生存而付出辛劳。开疆拓土、饮马漠北，固然恢宏万分，如今，珍惜脚下每一寸生养我们的故土，运用我们的智慧，浇灌我们的汗水，或许更为重要。

　　今天这个故事，和上一次故事有着同一个开端，在同一时间里，这条由小麦展开的线索，沿着不同的空间展开，为大汉王朝的前途留下不同的伏笔。自此，大汉天子"虽远必征"的豪情转为落寞，而郡国州县的乡间，一连串日后必将为天下所熟知的姓氏崛起，他们之间血统相融、盘根错节，借由播种小麦带来的热量，亲手中兴一个王朝，又亲手埋葬了这个王朝。

　　这一切，还要从一个小小的地方政府办事员的葬礼说起。

　　公元前 10 年（西汉元延三年），大汉国土的东海之滨东海郡尹湾，东海郡功曹史师饶在任上不幸去世了。尽管他只是一个郡内负责考察选拔官员、记录各部门业绩的人事小吏，但作为当地师氏家族的一员，他的葬礼不仅肃穆，而且十分郑重。家族的亲人们，在他棺内和足厢里摆满了他生前工作时用过的文具和简牍文书，然后将他安葬在家族的墓地中。

　　就在师饶去世的前一年，他还在东海郡各地出差，并且和各地的官员来往频繁。这个人事部门的办事员兢兢业业地记录下了会晤的官员名字，他们中间有许多人的姓氏重复，并且在不远的未来，这些姓氏将会是人们

⊙ 东汉 铅绿釉陶猪圈

　　汉代是我国古代封建社会中第一个强盛时期，当时社会重"厚葬"，故汉代墓中出现了很多生活场景类和实物类的陪葬品。

⊙ 东汉 狗

熟知的豪门望族：郯县的薛氏、于氏，兰陵王氏……

在汉成帝刘骜在位的时期，东海郡这些望族出身的官吏们，似乎得到了一项扩大宿麦（冬小麦）种植面积的农业指令。在师饶的工作统计册"集簿"中，整个东海郡的辖区面积是 512092 汉顷，而郡内宿麦的种植面积已经达到了 107300 多汉顷，占辖区总面积的近 21%（《尹湾汉墓简牍》）。

与之呼应的是，远在关中京畿地区，另一名出身关东地区的官员氾胜之，以轻车使者的名义，在三辅地区监督并大规模推广宿麦，以期在人口耕地关系紧张的关中获得粮食增产。

又 20 多年后，种着麦子的关东土地上会崛起鳞次栉比的新兴庄园，积攒着土地、钱粮、部曲以及权势；那些新一代庄园主的姓氏，将会为天下人所熟知和畏惧，乃至再其后的九州三分，也要从这时说起。

滔滔"悬河"之下

时光回到公元前 132 年（西汉元光三年），黄河瓠子（今濮阳西南）决口。浩浩荡荡的黄河水向东南冲入钜野泽，泛入泗水、淮水，豫东、鲁西南、苏北、皖北地区的 16 郡尽成泽国。这是自公元前 168 年汉文帝时黄河第一次自然决口以来最严重的一次黄河灾情，以至于在中央政府的严令之下，投入 10 万人去封堵决口，但都没能获得成功，河水泛滥长达 23 年之久（汉·班固·《汉书·沟洫志》）。

自战国时期开始，由于黄河出川陕峡谷后，在地势平坦的下游地区流速降低，挟带的大量泥沙淤积在河道中，河床几乎已经与河岸齐平。汛期河水决溢，水退之后，沿途的滩涂土地往往被填上淤泥，变得相当肥沃。久而久之，老百姓就开始开荒种地，甚至在久不遇大灾的时候，这些地方还建起住房，慢慢形成了村落。为了保护自己的家园，人们更是努力加高强化堤防以自救。不断的筑堤堵塞，让黄河河道逐渐高于河岸平地，成为"悬河"。人们仿佛是筑起围墙，居住在水中一样（汉·班固·《汉书·沟洫志》)。

公元前 120 年（西汉元狩三年），在瓠子决口依然还没得到妥善解决的期间，崤山以东的黄河中下游多地又发生了严重的水患。一时间饥荒袭来，流民丛生。汉武帝刘彻一边诏令各郡国开仓放粮以救饥民，另一边又加紧了关中地区的水利兴修。与此同时，一路官员由长安而出，他们携带着一道特殊的诏令，赶往关东各受灾郡。这道诏令的内容，就是要各地劝导当地民众播种冬小麦（汉·班固·《汉书·武帝纪》）。

汉武帝刘彻的这道诏令，或许正是受了淮南王刘安"日月之所出（指东部地区），其地宜麦"的启发（汉·《淮南子·墬形训》），充分研究了黄河下游地区环境的特点。由于在每年 7—10 月的汛期，黄河干流及较大支流径流量大约占到全年径流量的 60%，因此，黄河水患常集中在夏秋季。而在华北地区，冬小麦的播种期一般在农历八九月的寒露和霜降间，收获期一般在次年的农历五月，其生长期有利于避开黄河秋汛，同时，还能弥补秋禾歉收或水灾受损，确保一定的粮食产量。

而功曹史师饶所在的东海郡，正处在黄河夺淮入海的途经之处。大片淤积了黄河泥沙的滩涂土地，也将成为扩大农耕面积的沃土。一些特定的作物和一些特定的人，将会在这片利弊交替的沃土上滋生。

仁善的皇帝解去了"达摩克利斯之剑"

公元前 49 年（西汉黄龙元年）十二月，43 岁的汉宣帝刘询在未央宫辞世。27 岁的太子刘奭即位，是为汉元帝。但在他父亲的时代，这个王朝就已经开始显露出一丝衰败的迹象。到了这个性格柔仁的年轻人执政时，他逐渐开始失去对王朝的控制。

公元前 44 年（西汉初元五年）四月，出于对关东连续遭遇灾害的考虑，在诸儒的建议下，汉元帝下令罢去盐铁官一职，后来最终放弃了武帝以来盐铁专卖这一"抑商"的政策。

◎ 汉代 彩绘陶俑

　　而后，在公元前40年（西汉永光四年）九月，汉元帝刘奭为自己起初陵时诏令，过去历代汉家皇帝都会在修陵时迁徙各地郡国的豪商、大地主到关中，于陵园附近设置县邑，导致关东地区有"虚耗之害"，因此放弃了这一惯例，以便让天下人都能在自己的家乡安居乐业（汉·班固·《汉书·元帝纪》）。

　　原本，从汉高祖刘邦以降，历代皇帝都遵循着将东方旧贵族、豪族迁徙到关中安置的旧制。陵邑建设的目的，就是要让那些豪族大地主们，放弃在关东地盘上的田产，缓解当地的土地兼并。汉武帝时，郡国豪杰财产达300万钱以上者，就会被迁徙关中去。

　　然而，到了汉元帝刘奭执政时，这道充满仁善之意的诏令，相当于放弃了有汉以来的基本国策。这让一些人突然如释重负，从此，他们就像脱了线的风筝一样，开始扶摇直上。

115

关东新贵的崛起

距离京师长安直线距离 800 里之外，大汉南阳郡治所宛城，这里是全国六大商业城市之一，商贾众多，尤其以冶铁业而闻名。早在汉武帝时，大冶铁商出身的孔仅就入仕负责盐铁专卖管理。随着官营盐铁业取消，"抑商"政策式微，这里的富商大贾们将商业利润用来收买破产小自耕农的土地，通过经营农业来保值，同时还兼营商业（汉·司马迁·《史记·货殖列传》），其财富像滚雪球一样迅速积累起来。

在汉元帝刘奭父亲汉宣帝还在世时，在南阳新野，一个叫作阴子方的人突然暴富起来。作为相传为管仲七世孙、楚国阴地大夫管修的后人，在汉宣帝时期之后，他家中积累的田地多达 700 余汉顷，出入有车马，有仆人、奴婢跟随，就像王公贵族一般（南朝·范晔·《后汉书·樊宏阴识列传》）。

可想而知，不用再被政府压制而被迁徙到遥远的关中去，对于无数个像阴子方这样有钱有地的关东土著富人来说，是件多么开心的事，因为他们财富增值路上最大的不确定性被排除了。

当郡国乡间的人们讨论到阴氏的财富密码时，却被告知了一个神话般的故事：因为阴子方孝顺而好施，所以灶神在他做早饭的时候显形，而阴子方祭祀了一只黄羊，从此受到了灶神的庇佑。更有坊间传闻说，阴子方还曾自信地说，他的家族子孙也必然强盛繁昌（南朝·范晔·《后汉书·樊宏阴识列传》）。

灶神的庇佑显然是一个故弄玄虚的托词。那么，这些关东新贵赖以崛起的路径究竟会是什么呢？和南阳新野相去不远的南阳湖阳，另一个大家族的故事，就与阴氏遥相呼应。

在南阳湖阳乡间，樊氏是当地名望颇高的家族。这家人的大家长樊重，既善于经营家田农耕，又善于买卖经商；而且樊氏三代没有分家，家中兄弟子孙上下同心合力，财产和收成每年以成倍的速度增长；樊重持家时，

漢代曾傳陰子方嘉平祭
竈用黃羊戶庭五祀沿周
禮積善之家沐吉祥

黃羊
巳

◎ 《钱腊迎祥》册之黄羊祀灶

清 董诰。腊月二十三日，祭灶，燃放鞭炮，称为过小年，这也是祭祀灶君灶神的节日。黄羊祀灶的典
故来自《后汉书·阴识传》，汉代阴识用黄羊祭祀灶神而发财。人们用黄羊祭祀，表明对灶神予以重托，
祈祷幸福安康，向往美好生活。

其家族已经拥有了 300 余汉顷的田地。他的庄园内可以牧养牲畜、种植林木，还被乡里推举为"三老"（南朝·范晔·《后汉书·樊宏阴识列传》）。

这些新兴家族，和过去依靠官爵、军功而崛起的身份性地主不同，大都是通过商业利润转化为土地资产而发家。用司马迁的话说，这些没有官爵封邑却家财万贯的人，简直可以称得上是"素封者"。正如阴子方那样，随着时间的推移，阴和樊这两个姓氏，还有一系列关东豪姓，很快就将闻名于中原大地，乃至整个大汉天下。

公元前 21 年的"一号文件"

正如汉武帝发出"有水灾郡种宿麦"的劝导那样，在这些关东"素封者"们赖以"守财"的庄园里，冬小麦成为极为重要的农作物。

让我们先将时间拨回到公元前 109 年（西汉元封二年）。这一年，黄河瓠子堵口终于成功，而这距离大决口以来，已经过去了 23 年。堵口处，一座作为纪念的"宣房宫"拔地而起，但这并不意味着黄河水患从此绝迹。

自汉武帝时期起，京师所在的关中大兴水利，修建了龙首渠、灵轵渠、六辅渠、白渠、漳渠等许多水利工程，形成了泾、渭、洛三大渠系。这些水利工程无疑对关中地区的农业生产是有利的。但是，在黄河下游，水旱灾害却在加剧，这让刘彻的子孙们难以安宁。

公元前 28 年（西汉河平元年）三月，旱灾伤及麦作，民食榆皮；公元前 23 年（西汉阳朔二年）秋，关东大水；公元前 17 年（西汉鸿嘉四年）春正月，水旱为灾，青、幽、冀部尤剧；由于水灾，公元前 12 年（西汉元延元年），麦作和养蚕都受到影响。大水泛滥到的郡国超过 15 个，庄稼连年受灾，由于过了农时，冬小麦也没有收成……一份又一份关于关东水旱之灾的报告呈在汉成帝刘骜的面前。

这些报告的字里行间清晰地透露着，在关东地区黄河下游的水旱发生时，麦作受灾的记录频频出现。这也意味着，麦作在关东地区的农作物种

◎ 东汉 炉灶

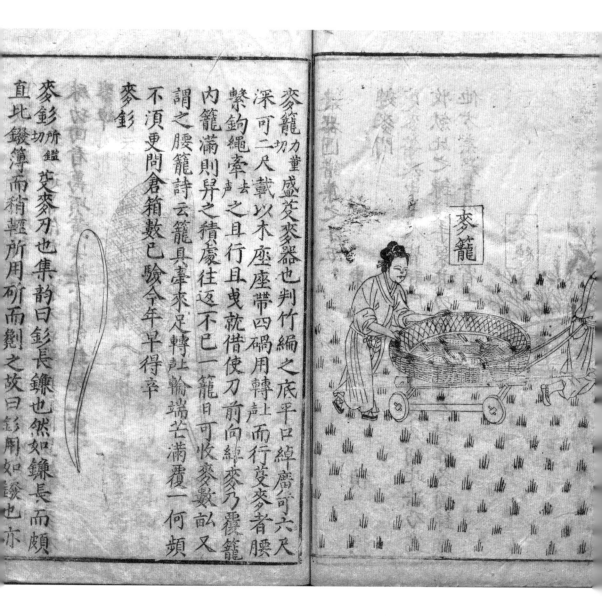

麥籠

麥籠力菫盛芟麥器也判竹編之底平曰緯廣可六尺
深可二尺戴以木座座帶四碨用轉上而行芟麥者腰
繫鈎繩牽之且行且曳就借使刀前向繅麥乃覆籠
內籠滿則異之積處往返不已一籠目可收麥數畝又
謂之腰籠詩云籠具韋來足轉咄輪端芒滿覆一何頻
不湏更問倉箱數已驗今年早得辛

麥釤

麥釤所鑑 芟麥刃也集韵曰釤長鐮也然如鐮長而頗
直比鑀薄而稍輊所用斫而劚之故曰釤刬如鑀也亦

麥釤

麦笼

古代收割麦类作物的农具。选自中国元代农学家王祯著作《农书》。

植中占有不小的比例。

在这些水旱灾害频发的年景中，为了稳固国家的根本，公元前21年（西汉阳朔四年）正月，作为这一年起始的"一号文件"，汉成帝刘骜针对"乡本者少，趋末者众"的问题，特别下令，每逢农事时，郡守（二千石）级别的官员，要亲自深入农田中去，鼓励农民努力从事农业生产（汉·班固·《汉书·成帝纪》）。

在农业增产的大目标下，小麦也等来了它在汉地的一个"春天"。正是在汉成帝时期，氾胜之这个来自黄河下游氾水的官员，开始了在关中三辅地区的麦作推广。在这位官员看来，小麦有着"首种"的地位（汉·班固·《汉书·艺文志》）。与之遥相呼应的是，在离氾胜之故乡并不太远的东海郡，基层官吏们也在勠力投入劝农，尤其是在麦作的推广上。麦作的栽培面积，成为政府考核官员政绩的标准之一。

功曹史师饶在"集簿"底稿上，就记录了汉成帝某年东海郡的麦作数据，不仅冬小麦的种植面积已达107300多汉顷，而且相比前一年增加了1920多汉顷，种植面积的年增长率达到了1.79%。如果按照50%的垦殖系数来推算，冬小麦的种植面积大约能占全郡耕地总面积的41.9%。在东海郡内，麦作已经是地位极高的主粮了（《尹湾汉墓简牍》）。

先进而残酷的生产力

当我们站在更远的距离去探寻这些庄园的时候就会发现，在一个时间阶段里，不同地域、空间中的细节开始联结在一起，种种条件都在适应和促进麦作的推广，而从中获利最大的正是这些关东新贵。

2000年后，在群山环抱中的南阳盆地，人们在汉代墓室中发现了耧车上的关键部件耧足的铸造模具。就在公元前89年（西汉征和四年），汉武帝刘彻发出止征伐、轻赋税、重农耕的轮台诏令后不久，他任命的搜粟都尉赵过总结出了"代田法"，进而配套开发出了耧车、耦犁等农具。

121

◈ **有公鸡的井口**

汉代陶器。河南省辉县墓葬出土。长 38 厘米，高 45.5 厘米，井口直径 25.2 厘米。

◈ **有龙头的井口**

东汉。绿色铅釉陶器。龙头部分高 27.8 厘米，井高 21.6 厘米，井口直径 17.5 厘米。

◈ **水桶井口**

东汉。陶器高 22.4 厘米，井口直径 15.1 厘米。

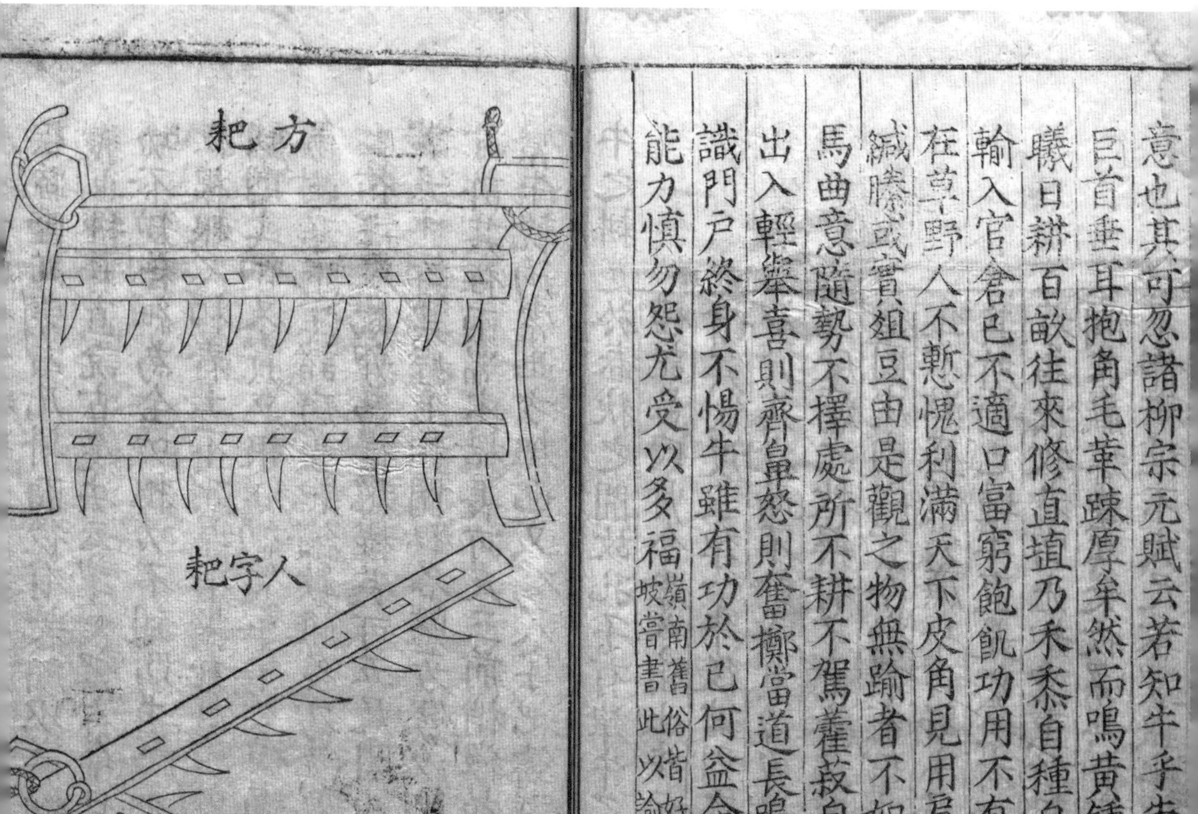

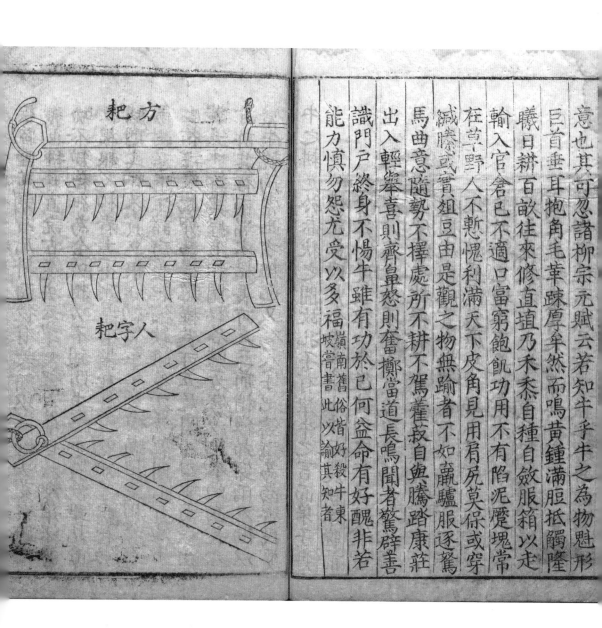

意也其可忽諸柳宗元賦云若知牛乎牛之為物魁形巨首垂耳抱角毛革疎厚牟然而鳴黃鍾滿脰抵觸隆曦日耕百畝往來修直植乃禾黍自種自斂服箱以走輸入官倉己不適口富窮飽飢功用不有陷泥蹙塊常在草野人不慙愧利滿天下皮角見用肩尻莫保或穿緘縢或實俎豆由是觀之物無踰者不如羸驢服逐駑馬曲意隨勢不擇處所不耕不駕藿菽自與騰踏康莊出入輕舉喜則齊鼻怒則奮躑當道長鳴聞者驚辟善識門戶終身不惕牛雖有功於己何益命有好醜非若能力慎勿怨尤受以多福嶺南舊俗皆好殺牛東坡嘗書此以諭其知者

⊙ 方耙和人字耙

古代农具，木架铁齿，用于耕后碎土。选自中国元代农学家王祯著作《农书》。

显然，耧车这种畜力条播机和各种农技工具，经过赵过在关中组织推广后，也在关东地区得到了应用。而南阳作为冶铁重镇和商贾集中的地区，还成了铁质农具的生产贸易基地。同时，大型犁铧和二牛牵耕对普通的五口之家来说，是很难用得起的。相反，那些家中动辄拥有数百顷良田，还有众多劳动力的大地主们，了解到这些先进工具和方法后，则会不惜投资，并且迅速装备到自己的庄园中。

由于自然灾害的频繁、对先进农技工具的投资乏力、大地主们的资产迅速扩大，越来越多的小自耕农只能将赖以生活的土地变卖给大地主们，自己成为依附农。尽管政府的土地赋税有时名义上低至"三十税一"，但实际上这些租种地主土地的佃农要交出一半的收获作为地租。更有破产者甚至卖身为庄园中的奴婢，完全依附于大大小小的庄园。

像樊氏这样的家族，在拥有了充分的财力和大批依附庄园的劳动力后，就在自己的庄园附近组织人手修建起了一个小型水利工程——这座被称为樊氏陂的陂塘，引潮水的支流蓄水，东西长10里，南北宽5里，让樊氏庄园具备了自行蓄洪灌溉的能力（南朝·范晔·《后汉书·樊宏阴识列传》）。

由于种植小麦比粟的需水量高，正如竺可桢先生所指出的："种小麦，则四五月值小麦需雨量最急之时，华北四五月平均雨量已嫌不足，若降至平均以下，必遭歉收。所以若无灌溉设施，华北种小麦是不适宜的。"豪强的庄园内要推广小麦，也必须有水利灌溉设施确保。

充足的劳动力和先进的农技工具，乃至自有的小型水利设施，都会让庄园主们将目光投向黄河河岸的淤泥地。在退水地区犁翻整地进行垦殖，适期播种宿麦，或许也是东海郡麦作面积扩大的原因之一。

豪强庄园里跃出的天子

在一定程度上说，在西汉末年关东地区水旱交织时，这些庄园也成了大批贫苦农民的庇荫所。他们失掉了自己的土地而投身庄园，脱离国家编户，成为庄园的宾客、徒附乃至奴婢，世代依附于豪族。尽管在庄园内低首事人，但总好过在黄河水浩荡中流离失所、无枝可依。

除此之外，庄园之内，徒附壮丁们除了从事劳动生产之外，还被编入庄园部曲，成为庄园主的私人武装。为了保全自己的财产，庄园四周往往修建起高墙碉楼，一旦战乱四起，这些庄园就会成为一个个自卫军事坞堡。

9 年（新朝初始元年）一月十五日，在汉成帝时入仕、累迁大司马的王莽代汉建新。而他上台后的第一件大事就是宣布将天下田改称"王田"，以"王田"代替私田。这道名为复古的政令突破了大大小小豪族庄园主们的底线，甚至连普通的小自耕农都无法接受，因为在糟糕的年景里，他们连变卖土地、依附庄园的可能性都被断绝了。

随着新政失败、民怨沸腾，国境之内，东部和南部的农民纷纷揭竿而起。愤怒的庄园主们也借着大势，带领自己的部曲，冲出了坚固的坞堡。

18 年（新朝天凤五年），樊崇在城阳国的莒县聚众 100 多人起义，后

◎ 王莽

王莽（公元前 45 年—公元 23 年），字巨君，新都哀侯王曼次子、西汉孝元皇后王政君之侄。公元 8 年，王莽代汉建新，建元"始建国"，宣布推行新政，史称"王莽改制"。王莽统治末期，天下大乱。新莽地皇四年，更始军攻入长安，王莽死于乱军之中，卒年 69 岁。

来，染成红色的眉毛，成为这支义军壮大之后的图腾。而在我们熟悉的东海郡，临沂狱吏徐宣也聚众响应赤眉，在这支义军中，东海郡豪族身份的首领就有谢禄、刁子都、杨音、董宪等人。此外，梁郡刘氏、琅琊张氏、沛郡周氏等豪强也逐渐在义军中位居高职。

而前一年，即17年（新朝天凤四年），另一支义军在荆州绿林山举事。当他们向着富庶的南阳进军时，在随县的春陵乡，一支反对王莽的私人武装也加入了绿林队伍，为首的兄弟俩，名叫刘縯、刘秀。

这对汉高祖的支庶子孙，虽然并没有获得王侯封爵，但并不影响他们成为南阳豪族。他们维持生活并非借助没落皇族身份，而是靠经营土地和商业（南朝·范晔·《后汉书·光武帝纪》）。而那位家中拥田300汉顷的南阳"三老"樊重，正是他们的外公。当刘縯因为庄园中的宾客被人发现曾经打劫而受到牵连时，刘秀躲到了新野的姐夫、扬州刺史之后邓晨家里。而邓氏家族的一位女性，恰巧是新野阴子方的后人阴陆的妻子，他们膝下育有一女，名为阴丽华。

在新野姐夫家避风头的时候，年轻的刘秀见到了阴丽华，并发出了"仕宦当作执金吾，娶妻当得阴丽华"的感慨（南朝·范晔·《后汉书·皇

⊙ 汉光武帝刘秀

东汉开国皇帝，王莽新朝末年起义夺权，因为是西汉汉景帝后裔，遂仍以汉为国号，史称东汉。

后纪》）。

而当刘縯、刘秀起兵之后，邓晨也聚众响应。不久之后，新野邓氏族中的邓禹也前往追随，后位列"云台二十八将"之首。南阳一地，几大家族之间血统相融，最终盘根错节成为一股强大的力量，他们将主导汉室的中兴。

"旧贵族"的政治献金

25年（东汉建武元年）九月，赤眉军攻入长安大肆抢劫，百姓不知所归（南朝·范晔·《后汉书·邓禹传》）。关中的旧贵族地主们坚壁清野，聚众反抗，致使长安城中粮食奇缺，而盘踞关中的赤眉军始终无法解决粮食问题。

事实上，此时的关中之地已经不是司马迁时"天下三分之一，而人众不过什三；然量其富，什居其六"的富庶景象了（汉·司马迁·《史记·货殖列传》）。关中作为京畿地区，在长达200年的消耗中，已然开始走下坡路，粮食供给能力也随之下降。

早在汉武帝时期，为了运输关东地区的粮食到长安而开凿了漕渠，关东粮食输入量达到每年100多万石（汉·司马迁·《史记·河渠书》）；而在汉元帝、汉成帝时，关东灾害还使流民流入关中（汉·班固·《汉书·成帝纪》）。此时，关中已经不可能有足够的粮食供给庞大的中央集权机器了。

当追随刘秀起兵的邓禹率军平定三辅后，京兆豪强王丹特地献出麦2000斛作为军粮（汉·刘珍等·《东观汉记校注·王丹传》）。这是一个格外具有象征意味的举动，它不仅代表着曾经"俗不好种麦"的关中，也开始大规模种麦，同时也是关中旧豪族们向关东来的新贵们，奉上了以小麦计价的政治献金。

这时的关东地区，无论是耕地面积、人口数量还是经济发展，都已经优于关中平原。在东汉32位开国元勋中，"世为著姓"和世代为官者就有

◎ 东汉　陶制三面四合院

13 人，而出自南阳、颍川、河北的则有 27 位（南朝·范晔·《后汉书》）。在中国经济政治重心已经东移的背景下，凭借南阳帝乡、河北龙兴两地豪强的政治基本，刘秀最终定都洛阳。这些起于关东的豪强庄园主们，建立起了属于他们自己的统治秩序。

那些亲手建立，又亲手埋葬王朝的姓氏

151 年（东汉元嘉元年），已经年过五旬的崔寔被郡里推举，成为一名郎官。崔氏是河北涿郡大姓，而崔寔则是与班固、傅毅齐名的崔骃之孙，书法家崔瑗之子。但自从崔瑗去世，崔寔变卖家中田宅、耗尽家产料理完父亲的丧事后，只能以酿酒、贩酒为业。在朝为官期间，崔寔陆续写完了农事书《四民月令》。

如果说曹雪芹的《红楼梦》写出了荣国府由盛而衰的悲凉，那么崔寔的《四民月令》，则留下了一个豪族世家之子对于庄园日日繁忙、井井有条运转景象的怀念。

◎《地主庄园图》

出土于新疆吐鲁番阿斯塔那，描绘的是墓主人的奢侈生活场景，画面呈现红、黑、蓝三色，共由六个画面组成。这是目前为止发现最早的纸本绘画图，十分珍贵。

在书中，崔寔详细记录了包括春小麦、冬小麦和大麦等麦作的时令、耕作技术和熟制。截至此时，在豪族庄园之内已经具备了规范、科学的农业体系，麦作在中国的种植技术也已经基本成熟。据统计，东汉时期黄河流域作物亩产量大概在 3 石左右，高于西汉的 2 石多。按照《四民月令》的农时安排，"八月种"的冬小麦与粟、豆等作物，形成二年三熟的大田轮作方式，是粮食亩产量提高的重要原因之一。

然而，在豪强庄园所掌控的先进农业技术"护城河"之下，到东汉末世之时，国家已经摇摇欲坠，但豪强地主和他们的庄园却庞大到可以连绵数百栋房屋，豪强们经营着自己的小"王国"，豢养着数以千计的奴婢、数以万计徒附（南朝·范晔·《后汉书·王冲王符仲长统列传》），而贫民们在这片辽阔的土地上却早已无立锥之地。

当深感再也没有活路的天下八州太平道教徒揭竿而起时，郡国州县失守，颍川、汝南、荆州、江东重回坞堡林立的局面。袁绍、袁术、公孙瓒等豪族子弟，结坞堡而御寇，纠部曲而出战，终成一方军阀；李典、许褚、曹仁等庄园少年，也自率宗族家兵，成为百战骁将。在乱世之下，各路豪强们犹如一头头张开血盆大嘴的巨兽，竞相争夺着这片残破的土地，终于将这个国家撕扯着走向裂土分立。

在其后漫长的纷乱时代里，气候的转冷转干、水利设施的失修、战乱和频繁的灾荒，又让小麦扩张的步伐受阻。在北魏末年《齐民要术》提及的谷物耕作技术中，大小麦落于黍穄、粱秫、豆、麻等作物之后，仍居于次要地位（北魏·贾思勰·《齐民要术》）。而"保岁易为，以备凶年"的大豆又重新崛起，促使着禾菽遍野、菽粟并重的景象重新出现。

那些因聚敛土地、种着麦子而陡然崛起的豪强家族，曾经用他们的头脑、技术和资本，帮助一个王朝重回中兴；而又是他们的巧取豪夺，亲手将这个王朝埋葬。这些闻名于天下的姓氏，也牢牢地把持着天下，他们书写着优容奢侈的时代光华，也浇筑着最为坚不可摧的社会壁垒。

直到 300 年后，才有一个王朝在中原诏令，"均给天下之田……劝课农桑，兴富民之本"（北齐·魏收·《魏书·高祖纪》），而这个王朝的君主竟是一个原姓拓跋的鲜卑人。

唐王朝的兴和衰，都是因为小麦？

　　唐朝，是中国古代最强盛的时代之一；唐朝都城长安，也是中国古代影响力最大的都城。令人不解的是，为什么曾经为唐朝开创立下汗马功劳的府兵制，会在王朝强盛时走向瓦解？为什么自唐朝以后，再也没有一个王朝选择在长安定都？

　　土地兼并的愈演愈烈、均田制的崩溃、府兵制的没落、安史之乱的破坏……问题的答案有很多，但在棋局之外，一颗并不起眼的种子早已埋下了兴与衰的伏脉。

　　734 年（唐开元二十二年）五月的一个普通日子，在皇家花圃中，帝国的"圣人"唐玄宗李隆基正亲自率领太子和皇子们收割他们去年种下的冬小麦。他对自己的儿子们说："这些麦子将来是要用来祭祀祖先宗庙的，所以不敢不亲自去收割，并想借此使你们知道耕种庄稼的艰辛。"

　　这些小麦被赐给侍臣们，因为"圣人"觉得，他"派人去观察百姓田中庄稼的好坏，却难以得到实情，所以就亲自耕种，来观察收成的好坏"。（宋·司马光等·《资治通鉴·卷二百一十四》）

　　其实，唐玄宗错了，他祖上的先帝们，可并非借由充足的小麦作为军

◎ 唐玄宗李隆基

选自《历代帝王圣贤名臣大儒遗像》。唐玄宗（685—762年），武则天之孙，李旦第三子，开创了唐朝的"开元盛世"。后期因为宠信奸臣，导致了长达8年的安史之乱，唐朝逐渐走向衰落。

粮而夺得天下。从某种程度上说，他爷爷（李治）的爷爷（李渊）的爷爷（李虎），正是因为"缺少"麦子，才能和他的同袍们逐鹿天下，并最终为那个流光溢彩、横亘千古的盛唐埋下了伏笔。

人类的故事总有答案万千，但这个故事的答案中却有一颗不为人注意的种子——小麦。

宇文泰背后的"芒刺"

时光再次回溯近200年，537年（西魏大统三年）十月初二。这一天的险象环生，宇文泰永远都会记得。

南北朝时期，北魏分裂后，东魏的实力明显强于西魏。537年的夏天，高欢控制下的东魏，冬小麦丰收了，而宇文泰控制的西魏关中，却面临着严重的干旱，连军粮都快供应不上了。

闰九月，高欢亲率20万大军渡过黄河，兵锋直指长安，而宇文泰只有

⊘ 麦和虻

选自《诗经名物图解》，细井徇绘。

不到万人，在沙苑以东 10 里苇深土泞的渭曲设伏。一仗下来，高欢丧甲士
8 万人，弃铠仗 18 万（宋·司马光等·《资治通鉴·梁纪十三》）。

尽管如此，但宇文泰还是觉得后背发凉。此时，东魏的经济实力更为
雄厚，高欢旗下仍然控制着大部分鲜卑贵族，战争实力没有从根本上挫伤。
而西魏这边，兵力和粮食储备都远远不足。无粮、无兵，宇文泰深知沙苑
之役获胜的侥幸。在沙苑之战前夕，宇文泰面临饥荒断粮的困境，只能调
动不到万人的军队，其中一个重要的原因就是粮食储备不足。这些问题，
犹如刺在宇文泰后背的一根"芒刺"。

为了在军事上对抗高欢，宇文泰逐渐重用汉族强族组织的地方武装，
即乡兵。542 年（西魏大统八年），宇文泰将关中地区的六镇军人编成六军，
自己为全军统帅，建立起了"兵农合一"的兵役制度——府兵制。府兵制
下，一人充员府兵，全家皆编入军籍。早期的府兵是以鲜卑族为主体的职
业军人。而在对抗东魏的过程中，各种各样的汉族民兵武装，如部曲、乡
兵、乡义等，都被吸收到西魏的府兵系统当中。

决定胜负的天平往哪边倾斜，靠的往往是局外的一颗棋子。宇文泰能
够将关中地区的乡兵武装组织编练起来，恰恰是建立在关中老百姓"俗不
好种麦"、魏晋以来冬小麦种植面积再一次萎缩的基础之上。

"西方"不亮"东方"亮

在中国北方黄河流域的大地上，东西两边的主粮结构，其实一直有着
重大差异。

早在战国时期，在几种主要粮食作物的分布中，包括关中在内的雍州
地区"其谷宜黍、稷"，而没有提到麦。而在东部，豫州、青州、兖州的气
候土壤则宜于种麦（《周礼·职方氏》）。尽管麦作早已在西亚被驯化，并
且在中国的商周时期就有种植，但在关中地区，麦作的推广进程一直反反
复复。

◎ **隋粮食加工作坊**

1959 年安阳市张盛墓出土。河南博物院藏。

　　横亘的秦岭阻断了南来北往的水汽，关中地区位居大陆腹地的地理位置，又使东太平洋的水汽难以足量进入，冬春时节，北方寒流南下，气候干燥。相比黍、稷（粟），麦虽然也是旱地作物，但耗水量足足比粟要多了2 倍，尤其在冬小麦春季拔节抽穗期更需要大量的水分。因此，在关中地区的主粮结构中，一直以黍、稷为主，而麦作则长期处于次要地位。

　　汉武帝时期，出身关东的董仲舒建议，要补充连年战争对国力的消耗，首先要提高粮食产量。他提议道，关中地区的百姓一向不习惯种麦子，希望大农令让关中的老百姓多种冬小麦（宿麦），不要误了农时（汉·董仲舒·《乞种麦限田章》）。

　　但董仲舒的提议并没有很快得到重视。一直到汉成帝时（公元前 33 年—公元前 7 年），和董仲舒一样出身关东的氾胜之，以轻车使者的名义，才开始在关中三辅地区监督并大规模推广麦作。汉武帝时期大量水利设施的修筑，才让关中地区的麦作开始繁茂。

而地处黄河中下游的关东地区，"西来"的麦作反而比关中更盛行。由于黄河在地势平坦的中下游地区流速降低，大量泥沙淤积，汛期河水决溢后，滩涂土地往往被填上淤泥，变得相当肥沃。冬小麦既得到黄河水利之便，又有在汛期后下种的优势，也就更受当地百姓的重视。

然而，自魏晋以降，北方兵连祸接，人口大量减少并流离南下，北方人口压力减轻，关中的麦作推广又一次后退萎缩。《晋书》中各地自然灾害伤害麦作的记载，绝大部分是在关东地区。到了北朝时期，冬小麦的种植主要分布在关东地区，也就是东魏统治的区域，此时关中冬小麦的种植范围仍然有限。而从加工小麦的水磨、水碾的考古出土分布来看，北朝时期大都在洛阳周围，以及在太行山东侧的河内地区，而关中和河东以西地区仍然少见。

天下属于那群左手持犁、右手执刀的人

由于东魏和西魏统治区内粮食结构的差异，尤其是麦作地位的不同，双方的军事力量对比的天平开始渐渐逆转。

在冬小麦已占据重要地位的东魏统治区内，汉民们要利用麦作越冬的续接作用，与粟、豆等作物形成二年三熟的轮作方式，他们的劳动时长也就更长。骑在马上的高欢带着鲜卑贵族的骄傲，只能这样对站在麦地里的汉民们说："鲜卑是你们的客人，你们出粮出绢，我们来打仗保境安民。"（宋·司马光等·《资治通鉴·梁纪十九》）

但在宇文泰治下的西魏土地上，汉民们更多的是种植粟，固守着"百亩之田，必春耕之、夏种之、秋收之、然后冬食之"的农时。

也正是由于农作物结构导致的农民农作时间不同，西魏与东魏的讲武练兵、大阅巡狩，开始出现时间差异。参考后世的统治惯例，北周（西魏）军队巡狩出现在四月、五月，以及十月、十一月和十二月（唐·令狐德棻

◎ 鲜卑武士

等·《周书·武帝纪》）；反观北齐（东魏），却基本只能集中在十月（唐·李百药·《北齐书·文襄纪》）。

东西魏之间，无异于"针尖"对"麦芒"，双方军队的战斗力也开始出现分化。546年（西魏大统十二年），在玉璧城下，长安乡帅韦孝宽率部不足1万，生扛住了高欢的15万大军。带着枭雄死不罢休式的坚韧，52岁的高欢强攻50余日，遗尸7万后愤懑而去。两个月后，高欢病死。临终之前，他终于知道，即便他统治的关东土地上能产出更多的麦子，但他麾下的鲜卑军人已无力再战；关中崛起的这支兵民合一、上马能战下马能耕的新军，他再也打不倒了。

550年（西魏大统十六年），西魏"八柱国、十二大将军、二十四开府"的军事统治系统成型，形成了"关陇军事贵族集团"，他们当中包括隋文帝杨坚的父亲杨忠，隋末唐初群雄之一李密的曾祖父李弼，以及唐高祖李渊的祖父李虎。而他们之间又通过联姻，形成了亲上加亲的关系壁垒。从此，那些夺得天下的袍泽的名字，以及他们代表的家族，会绵延影响此后的200余年。

太平公主也来抢石磨

回到大唐"开元盛世",如果唐玄宗李隆基站在帝国首都长安的城头,不管是俯视喧闹的长安城内,还是眺望广袤的关中大地,他的所见一定和王朝的先帝们不同。

唐初,贡麦的 6 个州、献瑞麦的 16 个州府,全位于黄河中下游地区。而麦的地位,在唐初时的关中地区依然显得卑微,被关中人认为只是"杂稼"。贞观年间(627—649 年),唐政府税收收的是粟,只有不出产粟的地方,才准许交纳稻子和麦子;长安城里的王侯将相们,从皇帝那儿领到的俸禄还都是粟,粟不够时则拿盐来凑。

665 年(唐麟德二年),粮食获得了大丰收,市场上的粟价跌到 5 钱一斗,在这年景里,小麦甚至都没有资格摆放到粮食市场上(后晋·刘昫等·《旧唐书·高宗纪》)。人们对小麦的接受程度,也与认知水平有关。在大唐之前的医书里都记载了"麦毒"这个条目:小麦有"热毒",吃了会生病,甚至死人。而且,这"麦毒"在面粉里更甚,如果是吃整颗麦粒煮的饭,中的"麦毒"会因麦麸而得到缓解。也正是在大唐显庆二年至四年(657—659 年),"国家药典"《新修本草》才告诉人们,小麦无毒。

与此同时,那些仰慕盛唐而纷至沓来的西域胡商,也将自己的生活习俗带到了长安这座国际大都市。在唐玄宗李隆基的视野内,长安城里,东西两市店铺林立,四方珍奇聚集,人们从遥远的故乡迁居到长安谋生,人口几近百万,其中不乏阿拉伯人、波斯人、粟特人,胡饼、面条也渐渐在人群中流行起来。

因为小麦面粉消费需求的增长,加工冬小麦的碾硙(石磨),也成为长安王公贵族们竞相控制、用来逐利的工具,其中也包括势震天下的太平公主。

706 年(唐神龙二年),后来成为唐代著名的宰相、此时还在担任雍州司户参军的李元纮接到投诉，一家寺庙的大石磨被人抢走，原来是太平公主看中了，竟派人占为己有。当时只有区区八品的李元纮依法办事，判令太平公主将石磨物归原主。即便自己的顶头上司雍州长史窦怀贞劝他修改判决，他也不为所动，并在判决书后面写下了"南山可移，判不可摇也（宋·宋祁、欧阳修等·《新唐书·李元纮传》）"。

嗷嗷待哺的关中接纳了小麦

对于麦作来说，西域的饮食新风只是一时的，而更为重要的是，随着天下承平、人口恢复增长，果腹带来的口粮压力，不会给人"挑嘴"的权利。

尽管关中号称沃野，但出产的粟却并不足以供给京师口粮、防备水旱灾害。从 618 年（唐武德元年），关中的京兆府以及四个州，共有人口 141.7 万，到 742 年（唐天宝元年）时，关中的人口已经增加到 309.9 万，100 多年的时间内，人口增加了一倍多。而这个数字还不包括皇室成员、宦官、宫女等，以及关中地区数量庞大的驻军。

猛增的人口带动了粮食的需求，关中出产的粟是远远不够了。唐太宗和唐高宗时，长安就需要通过漕运补充东南之粟，每年大约"二十万石"（宋·宋祁、欧阳修等·《新唐书·食货志三》）。各个州郡通过漕运进京的物资，数量更是飞速增长。742 年（唐天宝元年），从渭河而来的 300 多艘船在广运潭一字排开，首尾连接数十里，鱼贯驶入长安。

人口大幅度增长带来的直接结果，就是人均耕地面积日益减少，关内、河北道和河南道的许多地区成为人口密集的"狭乡"。这就倒逼这里的百姓们要想办法提高土地利用率，以养活更多的人口。

640 年（唐贞观十四年），唐太宗李世民计划前往同州（今陕西渭南大荔县）校猎。时任栎阳县丞的刘仁轨上表劝谏说："今年甘雨应时，秋稼（主要是粟）很茂盛，到现在还没有收割完成；而穷苦人家现在还在计划于

⊗ 唐三彩马球仕女俑

⊗ 唐 彩绘陶乐女俑

◎ 唐 彩绘骑骆驼

阳鲁善都墓出土。

收割后种点麦子，希望'圣人'出行的计划可以推迟一些。"（后晋·刘昫等·《旧唐书·刘仁轨传》）在关中地区，此时已经有穷苦农民开始粟、麦轮作复种。

在提高土地利用率的需要下，耕作和养地技术的提升，让轮作复种制的条件进一步成熟，尤其是以粟、麦为主的冬、夏作物复种。而冬小麦在轮作复种的时间安排中则占据核心节点，作为越冬作物，可以与其他一种或几种作物搭配，增加大田种收的次数。

此时的长安城外，人们在土地里挥洒汗水，围绕冬小麦的时令，设计安排他们的劳作，小麦种植在关中大地上日益扩张开来。

关中折冲府：从立马横槊到无兵可交

从粟米、麦饭到面条、胡饼，一些事情正在悄悄地起着变化。

随着关中冬小麦的种植面积持续扩大，适应麦作的二年三熟制逐渐形成，新的农作使得耕、耢盖以及锄地的时间与次数增多，使农民耕作的劳动时长和强度都不得不延长和加大。农历十二月、正月、二月，正处于冬小麦的种植周期内，而唐朝初年，将府兵集中训练的时间定在了十二月：每年冬天，折冲都尉都要率领在府的兵马，讲武、训练、演习（宋·宋祁、欧阳修等·《新唐书·兵志》）。

折冲府是唐代府兵基层组织军府的名称。首先，为了加强中央集权，折冲府的分布原则是"举关中之众以临四方"和"内重外轻"，所以，长安所在的关内道，设置折冲府超过 280 个，府兵 26 万余人，占全国折冲府及府兵总数的一半以上。其次，是唐王朝的发迹之地河东道，关内道与河东道的折冲府，加起来占全国总数的 65%。

那些左手持犁、右手执刀的人，在冬天到来时面临着这样的两难：要么成为一个校场上的好军人，要么成为一个种地的好把式。他们会挑哪边呢？

从现今出土的文献看来，府兵们还是觉得种地是个更重要的事。当时

❂ 唐三彩马

唐朝为抗击北方各少数民族政权的侵扰，因此特别注重战马的培养。

府兵有一个日常职责叫"番上"，有去首都执勤的，也有在地方服役的。在春种和秋种时间，府兵们的请假条，以及因为误了服役时间而进行的处分就会集中出现。

为了让府兵们既能种好地，又能赶上军训，所以军训时间大大缩短了，甚至有时候被直接取消了。武则天统治时期，有一年，她计划在入冬后进行练兵，但有关部门认为时间来不及，希望能改到开春以后再进行。宰相王方庆劝阻说，练兵也不能违反时令。因此，武则天取消了冬季练武，但也没有在春季进行（宋·宋祁、欧阳修等·《新唐书》）。这一年计划中的讲武，很可能就这样不了了之了。

与此同时，唐初对外战争的消耗也加重了府兵家庭的经济负担。兵农合一的府兵们，由于农时的变化，导致投入军事训练的时间随之缩短，训练不足又进一步对战斗力造成了削弱。突破帝国临界点的失败接踵而来。670 年（唐咸亨元年），薛仁贵的 5 万大唐府兵大败于青海大非川；678 年（唐仪凤三年），李敬玄率领的 18 万唐军再败于吐蕃；696 年（武后万岁通天元年）八月，唐军在黄獐谷败于契丹，被围困的骑兵全军覆没；697 年（武后神功元年）三月，东硖石谷，唐军在溃乱中被契丹军全部歼灭。

曾经立马横槊的府兵们，已全无一战之心。甚至于每一次征发，长安街头都是"牵衣顿足拦道哭，哭声直上干云霄"（唐·杜甫·《兵车行》）。

737 年（唐开元二十五年），唐玄宗李隆基下诏命令诸镇节度使按照防务需要，招募自愿长住戍边的军人，足额后就不再从内地调发府兵；749 年（唐天宝八年），鉴于军府已无兵可交，遂停折冲府上下鱼书。关陇贵族赖以起家的府兵制，终于废止。

因麦而变的农业税

唐初，以均田制为基础，实行租庸调制，并允许有限度的土地买卖。随着人口的增加和豪强兼并土地，政府已没有土地可以实行均田，男丁所

143

得土地不足，又要缴纳定额的租庸调，农民无力负担，大多逃亡，均田制随之破坏。到安史之乱末期的 760 年（唐乾元三年），国家户籍统计簿上能纳入统计的人口仅剩下了 190 余万户。

安史之乱以后，土地兼并更为剧烈，加上各种军费急需，赋税制度非常混乱，租庸调制不得不废弃。

765 年（唐永泰元年）夏五月，关中京畿地区的麦子成熟了。时任京兆尹的第五琦，请求唐代宗征收京兆百姓的麦税，按照古代"什一税"的旧制，每 10 亩田收取 1 亩田的租税。唐代宗许可了这项提议（后晋·刘昫等·《旧唐书·食货志》），这是中国历史上第一次出现麦税。

到 780 年（唐建中元年），在宰相杨炎的建议下，唐代"两税法"正式颁行，统一各项税收，并且明确将麦作为征收的对象。而"两税"指的是于夏、秋两季分别征税。冬小麦等冬期作物，一般都是于初夏而收，称为"夏麦""夏粮"。而粟和其他夏季作物都是秋天收获，因此被称为"秋稼""秋苗"。夏季征税，实际上就是根据冬小麦于冬季种植、在夏季收割的时令。

◎ 白居易

选自《古今君臣图鉴》。唐代伟大的现实主义诗人。

808 年（唐元和三年），刚刚担任左拾遗一职的白居易，眼见这一年陕西杜陵一带旱情严重，民生疾苦：三月无雨却刮着旱风，导致麦苗大多枯黄而死；而九月到了，天气提早降温，田里的禾粟还没有成熟也已经干枯。关中地区的粟、麦复种，此时已是常见景象。但是，基层的官吏明知灾情却不报告，反而急敛暴征以求获得奖赏，逼得白居易向朝廷上诉减免税收。但他没有想到的是，十之八九的受灾百姓都已经在酷吏的威逼下典当土地交完了税，免税的诏令最终成了一纸空文（唐·白居易·《杜陵叟》）。

关中生态承载力的崩溃

唐帝国在战场上的失利、安史之乱等持续的内乱，仅仅是崩溃的开始。白居易面对干旱灾害景象，实际上也是自然环境恶化的一个侧影。

帝国首都长安的建设、关中地区人口的大量增加，推动了小麦势力范围的不断扩张。而小麦的广泛种植，进一步加重了环境的压力。小麦虽然也属于旱地作物，但耗水量足足比粟要多了两倍。尤其在冬小麦春季拔节抽穗期需要大量水分，否则产量将会很低。持续地开发，让关中地区的生态承载力也发生了一连串变化：土地开发过度，森林急剧消失，天然植被大量减少，导致水土流失严重，土壤肥力下降。泾、渭、灞、滻、丰、滈、潏、涝"八水绕长安"的光景不再，泾、渭、灞等水流量逐渐变小。

为了治理水患、提供更好的灌溉条件，汉武帝时期关中地区修建的水利设施，陆续出现了渠道和农田淤高，破坏整个灌溉系统等问题。黄河流域开垦种植面积越大，水土流失破坏也越严重。而到了唐代，农业开发的进一步加强，更加速了环境承载力的崩溃。以水旱灾为例，汉代建都关中共 227 年，旱灾平均 7.1 年发生一次，水灾平均 22.7 年发生一次；而到了唐代，水旱灾害变得愈加频繁，唐代建都关中 290 年间，旱灾平均 2.37 年发生一次，水灾平均 3.37 年发生一次。

在自然环境恶化的情况下，龙首、清明等人工渠道相继干涸。事实上，

⊙ 《柳龙骨车》

北宋 郭忠恕。因形状如"龙骨",故称"龙骨车"或"龙骨水车",是我国使用最早也是最久的水车,主要用于农田灌溉、排水及运河供水。

◈ 后苑观麦

选自《帝鉴图说》之上篇《圣哲芳规》。宋仁宗心系百姓，他命人在宫苑空地上种麦，仿照天下百姓农作习惯，观察和了解农作物的生长情况。

◎ 禁苑种谷

选自清代焦秉贞《历朝贤后故事图册》。宋仁宗的皇后，性格温厚俭朴，常在宫苑内播谷养蚕，给宫廷妃嫔树立典范。

这也和"两税法"的施行有一定的关联，政府对土地和平民的控制减弱了，政府组织兴修大规模农田水利工程就相对困难起来。

小麦带来的这一连串变化就像推翻了多米诺骨牌一样，当唐代统治者们放弃长安的时候，黄河文明在历史上也一度陷入了奄奄一息的状态。

976 年（北宋开宝九年）四月，在带着部众回洛阳祭祖的路上，一直心心念念还都长安、恢复汉唐威仪的官家赵匡胤，还是念叨了一句："迁河南未已，久当迁长安。"但事实上，经历唐末五代残破不堪的长安，早已无法承载他的雄心。加上弟弟赵光义的一句"在德不在险"，宋太祖赵匡胤最终搁置了自己的纠结（宋·李焘·《续资治通鉴长编》）。

一望无际的麦田，被微风吹起金波翻滚，像流动的金子，在太阳的照射下，闪闪发光。人类驯化它、种植它，并在它的脚边建立起恢宏的文明。然而，小麦带来了文明兴盛的巅峰，也埋下了它们衰落的种子。正如今天埃及的尼罗河两岸，曾经繁荣的地区普遍沙漠化；美索不达米亚平原，昔日孕育了辉煌的两河文明的肥沃土地，如今到处可见板结得硬邦邦的盐碱地。

这一切，都和"九曲黄河万里沙"的景象多么相似。

所幸的是，华夏文明还拥有另一条母亲河，在人们不断向东、向南迁徙的路上，延续着他们文明的辉煌。

稻，延续了华夏民族的血脉

　　为什么自唐朝以后，再也没有一个中国古代王朝能够回到长安定都？从"城春草木深"的长安，到演绎"清明上河图"的汴梁，中间发生了什么变化？又是什么帮助华夏民族跃进了一个新的文明纪元，从而上演民族血脉的生生不息？

　　这其中有一个重要的原因，就是我们赖以生活的另一种主粮——稻。

　　1279年（南宋祥兴二年）二月初六清晨，南国的晨雾还没散尽，崖山水道北侧的元军利用退潮，发动了对宋军的突袭，到中午时，北面宋军的阵脚已乱；午时，崖山水道南侧的元军又趁着涨潮发起突击，南北两面受敌的宋军在最后的意志支持下，从黎明战斗到黄昏，终于陷于溃败。

　　7岁的南宋少帝赵昺乘坐的龙舟，已绝无可能突围。陆秀夫等不到张世杰的接应，失去了最后的战斗意志，对小皇帝说："事已至此，陛下应该为国捐躯，不要自取其辱。"话毕，陆秀夫背着赵昺跳入大海。次日，崖山海面上漂浮起10万军民的遗体。

　　数百年后，这一场血战被引为"海角崖山一线斜，从今也不属中华"

（明·钱谦益）的标志。后世的侵略者甚至宣扬，这场海战标志着古典意义华夏文明的衰败与陨落。

尽管世间将命运多舛赠予了这个民族，但灾难、战乱和疫病却从来没有消磨掉她的生命力。有一种在这片土地上原生的古老作物会陪伴着这里的人民，不仅喂饱他们的肚子从而延续命脉，而且还在关键的时刻逆转救世，让华夏跃进了一个新的文明纪元。

宋太祖赵匡胤的遗憾：故国不堪回首月明中

976年（北宋开宝九年）四月，在带着部众回洛阳祭祖的路上，前洛阳市民、现任大宋皇帝赵匡胤，仍然处于内心的纠结中。而他身边的人其实也都看出来了，官家还在惦念着迁都一事。

作为一个资深的老兵，宋太祖赵匡胤对东京汴梁的战略位置一直不满。举目北望，燕云失地未复，太行山以东是一望无际的平原，无险可守，契丹骑兵南下3天即可饮马黄河，兵临四通八达的东京城下。要想恢复汉唐威仪、雄霸海内，定都的首选当然是汉唐的龙兴之地长安。即便是迁都西京洛阳，尚且也有险可守。这两朝故都，是群山围绕、易守难攻，还有虎牢关、函谷关、潼关等坚固的要塞。

然而，宋太祖心仪的关中大地，此时却难以承载他的雄伟梦想。

尽管关中号称沃野，但出产的粮食却并不足以供给京师口粮、防备水旱灾害。唐太宗和唐高宗时，长安就需要通过漕运补充东南之粟，每年大约"二十万石"（宋·宋祁、欧阳修等·《新唐书·食货志三》）。随着关中人口日益大幅度的增长，粮食供应的压力也越来越大，土地资源开发殆尽，唐王朝不得不由南方供应部分粮食进入关中。

漕运的主要起点在扬州，江南的粮食、赋税由扬州出发，经淮河、泗水进入汴河，再经黄河抵达洛阳。但是，从洛阳再到长安这一段黄河河段，水流湍急，运输损耗率相当之高。但为了稳固"居重驭轻"的统治格局，

151

⊙ 《闸口盘车图卷》(节选)

　　宋 佚名。全图以水磨盘车为主题，描绘了河旁官营磨面作坊生产及运输的场面。画面由磨坊、庭院、码头、望亭等组成。画面中，官员、工人各忙各的，形成了一条完整的生产运输链。主体水磨旁，还有一个重要的配件"水击面罗"，它是在磨完面之后，进一步筛选粗、细面粉用的。

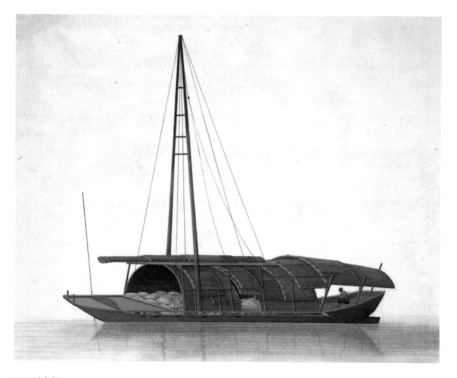

◎ 贩米船

选自《中国清代外销画》。

唐王朝几乎是不惜代价地通过漕运向长安输送粮食。

安史之乱后，唐朝紧接着陷入藩镇割据，让这条本就艰险的水道年久失修、河道淤塞，漕运瘫痪，导致关中时常陷入粮荒中，甚至在紧急时还要强迫农民把未熟的青谷捋下来充饥。直到京兆尹、度支盐铁转运使刘晏接手改革，通过种种方式恢复漕运，每年从江淮运米40万石到关中渭仓，同时极大地降低了损耗，保证了长安地区的粮食供给（后晋·刘昫等·《旧唐书·食货志》）。

此时，唐朝故都长安早在唐末就被朱温摧毁了，又经历了五代的摧残，长安城已真正成了"城春草木深"；当年支撑长安的千里漕运，也早已破败不堪——米粮若从扬州起帆，沿着通济渠尚且可以抵达汴梁，如要再往西去洛阳，此时的汴渠早已损坏，陆运的损耗更是无力支撑。

宋太宗赵光义的难题：我们再也回不去了对不对？

正如唐末关中已经对南方粮食产生依赖一样，赵宋官家作出定都汴梁的另一个重要原因就是中国南方的开发。

早在 968 年（北宋开宝元年）正月，一个风雪长夜里，赵匡胤、赵普、赵光义 3 人，便在汴梁城中定下了"先南后北"的统一战略（元·脱脱·《宋史·赵普传》）。

这一战略的制定，也正是因为自安史之乱到唐末五代，黄河流域经济遭到严重破坏，北方移民源源不断地向江左、江右和蜀中地区迁徙，尤其是长江中下游，成为北方人南迁的主要移民地区。不管是人口数量还是农业技术，北方移民的到来，都提升了南方的开发程度。割据了富庶的江南，特别是淮南 14 州的南唐，在战乱中受影响较小，更一度成为十国中最为强大的一国。

在 975 年（北宋开宝八年）攻灭南唐后，摆在大宋官家面前的，近有"伪汉"未平，远有契丹之忧，未来要倾力北伐，集结在东京的 20 万殿前禁军要有粮，而来自南方的米粮，已经是王朝赖以生存和征伐的命脉。东京汴梁这时的繁华程度确实是长安甚至洛阳都无法企及的，作为战略上的进攻出发阵地，从而环视南、北、西向的敌人，已算性价比最高的战略选择。

尽管如此，在去往洛阳祭祖的路上，宋太祖赵匡胤还是忍不住地念叨了一句："迁河南未已，久当迁长安。"然而，弟弟赵光义的一句"在德不在险"，让他最终搁置了自己的计划，也让他无法辩驳，只好叹息道："晋王（赵光义）的话不错，姑且听他的吧，但不出百年，国力必然会被消耗殆尽。"（宋·李焘·《续资治通鉴长编》）

就在洛阳祭祖 6 个月后，宋太祖赵匡胤崩，赵光义即位，是为宋太宗，改元太平兴国。次年（977 年）七月，江南平定后，来自南方的大米，以数

契丹壁画

位于赤峰市巴林左旗辽上京博物馆，为10—13世纪契丹人的生活场景壁画。这几幅壁画主要表现的是契丹人日常餐饮的画面。壁画不仅向我们展现了当时契丹人的日常起居和使用器皿的样式，还展现了契丹人的穿着打扮风格，为研究辽代历史提供了宝贵的资料。

百万石的规模，通过漕河运抵东京。

979年（北宋太平兴国四年），志得意满的宋太宗赵光义在高梁河前线中箭脱离战场，在留下一个尴尬的历史背影的同时，也仿佛为140多年后的"南渡"埋下了伏笔。

长江稻作的苏醒：春风又绿江南岸

值得注意的是，随着漕运南方粮食的发展，支撑王朝京师的主粮结构中，稻米的数量开始迅速攀升。长江流域的稻作，也迎来了历史进程中的发展期。

地球的生命历程进入全新世后，人类就点亮了农业文明的火种。在这个农耕起源的时间点上，在九州大地的一南一北，出现了最初的农作分野。和北方先民们驯化出黍和粟这两种作物不同，长江流域的先民们驯化了稻。

尽管长江中下游地区是世界栽培水稻的起源地，但由于地处华夏文明圈的边缘，农业技术水平相对黄河流域落后。河流湖泊纵横的地理环境与稀少的居民，让南方的稻作技术长期停留在"火耕水耨"的层次，也就是先纵火烧草，下水种稻，等到稻和草都长到七八寸时，再放水灌田，把草都淹死，只剩下稻子。在这种粗放原始的耕作方式下，还需要通过休耕来使田地恢复地力。

一直到隋朝时期，江淮地区还一直保持着"火耕水耨"的习俗（唐·魏征·《隋书·食货志》），而更南方的岭南地区，更是到唐初还在沿用这一技术。

但"火耕水耨"的种法，显然已经无法承载整个王朝的寄托。随着国家越来越倚重南方的物力输出，稻作生产的丰歉，也成为从官家到百姓都必须高度关注的事。在长江流域，不管是作物品种、栽培技术，还是栽培推广政策，重要性都日益提升。

宋真宗赵恒的小确幸：随着稻香，河流继续奔跑

1005 年（北宋景德二年）元旦，大宋官家赵恒是在战争与和平变换的侥幸中度过的。在崇德殿忧虑北地的时候，他终于切身感受到了太祖皇帝的纠结。此时，距离宋太祖赵匡胤留下的谶言才只过去了不到 30 年。

就在前一年的岁末，宋真宗赵恒在寇准的劝谏下，御驾亲临澶州督战，这无异于"天子守国门"。在战争的胶着中，他同意了与辽朝订立和约，每年输辽岁币"银 10 万两、绢 20 万匹"。自雍熙北伐后，宋辽边境上终于迎来了一线和平的曙光。他必须找到保卫和平的路径：

官家要有钱！官家要有粮！

这年（1005 年）正月，宋真宗赵恒就诏令河北诸州的强壮劳动力归农，并且由政府采购耕牛给他们，同时还将淮楚地区的踏犁引进到河朔地区（元·脱脱·《宋史·卷七》）；次年（1006 年）二月，朝廷的转运正副使及知州皆加"劝农使"衔；也是这一年，江、淮漕运输往京师的大米，以 600 万石为岁额。

到了 1010 年（北宋大中祥符三年）正月，王朝的粮簿与运河上的景象已经大为不同。宋真宗赵恒翻阅唐朝的《元和国计簿》时，三司使丁谓进言道："唐朝时候，江、淮地区每年运米四十万石到长安，本朝目前已经达到五百余万石，府库已经十分充足。"（清·毕沅·《续资治通鉴·宋纪》）

也正因如此，当江南粮仓一旦出现一丝波动时，这种忧虑就让官家陷入惶恐。1012 年（北宋大中祥符五年），"国家粮仓"江、淮、两浙三路出现了旱情，"水田不登"。焦灼之下，福建上报朝廷，一种名为"占城"的小禾谷，"粒小谷无芒，不问肥瘠皆可种"，有耐旱的突出特点，而且生长期也较短。

王朝的农业部门高速运转起来，负责农业的官员赶往福建，取占城稻 3 万斛，分给江、淮、两浙 3 路，命令农民选择丘陵山地的高田播种，同时

总结了占城稻的种法，交付给 3 路转运使，揭榜谕民（清·徐松·《宋会要辑稿·食货一》）。按照每亩地用种 3 升估算，3 万斛稻种，大约可以栽种到 100 万亩稻田中。

而在官家脚下，宋真宗赵恒也特意留下了一些占城稻种，亲自在玉宸殿种下，和近臣观察占城稻的种植情况。等到收割后，他还在朝堂之上，让百官了解新品种的效益，并共议推广之事（元·脱脱·《宋史》）。在北宋王朝高效的农业体系推动下，这种引种自占城（越南）、发轫在福建的早籼稻种，迅速在全国推广开来。

有趣的是，在 278 年前，唐帝国的"圣人"李隆基，在位于长安的皇家花圃中种下的是冬小麦——而赵宋官家在皇家花圃中种下的则是稻子。至此，华夏民族的命脉，完成了一次象征性的天子试种交接仪式。

到了南宋偏安时期，在长江流域南方各地，占城稻或带有占城稻特性的各种优良稻种的推广，仍然是地方官员的分内职责之一。在江南西路，担任安抚制置使的李纲报告："本司管下乡民所种稻田，十分内七分并是占米。"在湖北荆门，南宋官员陆九渊在推广早稻品种的过程中汇报："江东、西，田分早晚，早田者种占早米……"

当然，南方稻作品种远不止占城稻一种。随着稻在主粮结构中的地位进一步增强，正是在北宋元祐年间（1086—1094 年），出现了我国最早的一部稻作品种志《禾谱》，共计收录稻的品种不下 50 个。

江南稻子种得多，意味着江南人米饭也吃得多。1154 年（南宋绍兴二十四年）十一月，金军南下兵败，宋军尾随追击。追击的半路上甚至发生了近乎魔幻的一幕：金军遗弃的武器装备和粟米堆积如山，各路宋军借以补给，只有成闵所率领的一路军队，由于兵员多是浙人，吃不惯粟，结果导致饿死众多（元·脱脱·《宋史·列传一百二十九》）。

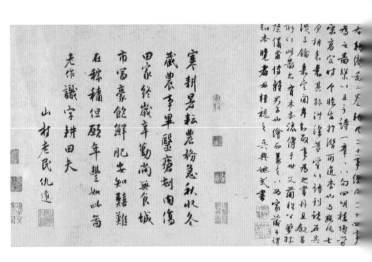

◎ 摹楼璹《耕作图》

　　元代　程棨。北宋楼璹所作的《耕作图》是
"中国最早完整记录男耕女织的画卷"和
"世界首部农业科普画册"。耕作图以农民
的耕作过程为背景，在这幅耕作图卷里，
详细介绍了整个耕种过程：浸种、耕、耙
耨、耖、碌碡、布秧、初秧、淤荫、拨
秧、插秧、一耘、二耘、三耘、灌溉、收
刈、登场、持穗、春碓、簸、扬凿、入
仓、祭神。

⊙ 稌

指稻子，亦特指粳稻和糯稻。选自《诗经名物图解》，细井徇绘。

南渡：稻子的故乡重回华夏中心

稻作的地位日益提高，除了作为主粮来解决生存问题之外，还有一个重要的原因，即它的发展已经成为整个南方土地资源开发、经济发展提速的核心因素之一。

时间回到766年（唐大历元年）的春天。安史之乱虽然已经被平定，但各方节度使趁乱又起，北方大地仍然动荡不休。漂泊无依的杜甫辗转来到夔州，在都督柏茂琳的关照下，他主管了官府的百顷稻田。乡间的农作生活，让杜甫关注到南方乡间的水稻栽种生活。次年六月，当地的水田里，稻秧刚刚插完，人们正引来涧水灌溉（唐·杜甫·《行官张望补稻畦水归》）。

而在优良栽培品种推广的同时，南方"火耕水耨"的农作习俗，也随着北方人口的迁入，迈上了生产效率提高的道路。从安史之乱起，这一步伐更是不断加快。

在杜甫避居夔州地区时，人们已经放弃直播，而开始采用原本在北方常见的移栽技术，用秧播的方式来栽培水稻了。而这些技术，也许和杜甫一样，正是来自那些因战乱而漂泊到南方的北方移民们。他们的到来和定居，渐渐地改变了南方原本"地广人稀"、缺乏劳动力的状况。在唐代元和年间（806—820年），江南道的户口数量已经名列前茅，人口密度也是居大唐十道之冠。人均耕地面积的减少也成为摆在面前的现实，过去南方给土地休耕的粗放耕作法显然已经不合时宜了。

而水稻秧播能够为除草、整地和施肥提供条件，伴随着南方水利事业和养地措施的进步，晚唐时期，南方农民们已经放弃传统的休耕，在同一块土地上连续栽种水稻，从而提高单位土地面积的粮食产量，也就成为可能。

1126年（北宋靖康元年）闰十一月底，汴梁城破。中国东南又一次迎来了大批南渡而来的北方居民。原籍福建、后迁颍川的庄绰，也随着西北

◎ 砻磨

碾稻去壳的农具。选自中国元代农学家王祯著作《农书》。

流寓之人回到南方。在南渡的头几年，江苏、浙江、湖南、福建等地一时间人流密集，对于已经习惯吃面食的北方移民来说，能在南方吃上面食，也成了一种思乡之情。绍兴初年，南方的小麦价格甚至一度飙升到每斛12000钱（宋·庄绰·《鸡肋篇》）。

于是，如何充分利用土地，能够在南方也种上一些小麦，就成了这些北方移民的一种"执念"。水稻能够通过育秧播种，不会影响四月末至五月初的冬小麦收获期，小麦收获后，稻子也到了移秧的时候；等到了八月末至九月初早稻收获后，冬小麦又可以下种。也正因此，山阴人士陆游才能在五月初一这个时点上，见到乡间"处处稻分秧，家家麦上场"的景象。

稻和麦两种作物，在同一块土地上利用时间差实现复种，南迁的北方移民们通过食麦聊解了思乡之情。而时至今日，在当年南宋王朝的行在杭州，面食仍然是一种欲罢不能的饮食习惯。

更为重要的是，在南方大地上，从休耕到连作，再到稻麦复种，以稻作发展为标志的精耕细作，使江南土地的利用率得到又一次提升。从安史之乱到宋室南渡，南方尤其是江南地区成为近世中国的经济中心，终于完成逆转。而且，稻麦复种的时令安排，还为明代引入棉花后，江南地区形成两年棉花一年稻的轮作，农业生产开始转向经济作物，提供了以稻作时令为核心的熟制基础。或许，这也是江南地区最早出现资本主义萌芽的重要原因之一。

剪不断的命脉、血脉和文脉

粮食产量、土地利用率的提高，让全国人口从 980 年（北宋太平兴国五年）的 3710 万人，到 1110 年（北宋大观四年），增长到约 0.94 亿—1.04 亿人，这是中国古代历史上人口的第一次破亿。北宋时期的东京汴梁，也成为人口超过 100 万的国际大都市，这才有了《清明上河图》式的繁荣。

其中，江南更成为人口集中稠密之地。与大唐开元时期（713—741 年）相比，到宋神宗元丰年间（1078—1085 年），江南各州的户数达到开元时的 138%—325%，而福建更是高达 397%—681%。按照元丰年间的户数统计，南方的户数已经占到了全国的 62.7% 左右。中国的人口重心也完成了由北向南的转移，到南宋后期，南方的人口已经相当稠密。由此，那条看不见的"胡焕庸线"所标定的中国人口分布格局，也开始逐步形成。

稠密的人口带来巨大的口粮需求，王朝的统治倚仗南方的物产钱粮供应。回到这个故事最初的起点，即便是崖山之战后赵宋殒没，入主中原的游牧民族也渐渐意识到，农耕经济是这块土地根深蒂固的选择。扬鞭策马的蒙古（元）大汗们，也知道应该顺应这种选择，《农桑图》《耕织图》等

◎ 《清明上河图》（局部）

明 仇英。仇英以明代苏州城为背景，描绘了明朝中期江南人民热闹的市井生活，展现了江南的风土人情。此画大约作于1544年（明嘉靖二十三年）。

表现农业生产的绘画，在元代朝野得到了很好的刊印和推广，同时也起到了劝课农桑之功效。对于南方稻作的推广，在元代并没有没落，而是进一步成型。

宋元两代稻作的推广、连作轮作的出现，也成为南方稳固农业经济地位的关键。这还包括以耕、耙、耖为主体的水田整地技术，以育秧移栽为主体的播种技术和以耘田、烤田为主的田间管理技术。农具"耖"的出现，标志着南方水田整地技术的形成。宋代出现的秧马就是专门为拔秧、插秧

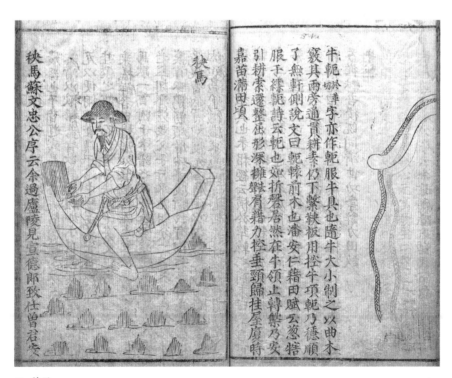

◎ 秧马

我国古代木制农具，用于水稻的插秧和拔秧，形似船。人骑坐其背部进行劳作，可以提高工作效率。选自中国元代农学家王祯著作《农书》。

而设计制造出来的农具，并且一直沿用至今。除手耘之外，元代出现了足耘，宋元时期所用的耘田方法甚至到今天仍在采用。

自有宋一代起，不管是主粮结构、耕作方法、烹饪形式，中国人的食物已经基本完成了从中古向近世的转型。从另一个角度说，华夏民族自黄土高原一路向南发展，至此完成了从黄河文明向长江文明的重心转移，粮食延续着人们的命脉，传承了民族的血脉。仓廪实而知礼节，很快，这种变化还会引发南北读书人之争。

华夏民族的延续

1064 年（北宋治平元年），北宋朝的两位大文豪司马光和欧阳修之间，爆发了一次针尖对麦芒的争论。针对科举考试，司马光上疏认为，科举考试诗赋，难以观察考生的思想，建议科举改试儒家经书（《贡院定夺科场不用诗赋状》）；此后，他还提出按照每一地域一定比例进行取士（《贡院乞逐路取人状》）。而欧阳修则提出，国家取士的制度已经非常公平了，只需要"惟材是择"就行，管他是哪里人、是谁的后人，不应该有"憎爱薄厚"（《论逐路取人札子》）。

事实上，司马光和欧阳修的争论，正是由于南北经济地位易位的过程中，文化发展水平也开始变化。司马光入仕于陕州夏县，北方学子长于经学；而欧阳修则入仕于江西庐陵，南方学子则以诗赋闻名。司马光要按地域比例取士，实际上就是发现了在科举中的南方学子已经越来越多。

宋代以文立国，宋真宗赵恒用最浅显的语句，给出了"男儿欲遂平生志，五经勤向窗前读"的官方鼓励。至宋仁宗时，限定工商业者子弟不得参加科举，只准许士、农子弟参加，寒门子弟也看到了读书入仕、光耀门楣的希望。唐代取士除了看成绩之外，还需要有公卿名士的举荐，寒门子弟出头的机会仍然很少；到了宋代，随着科举制度的进一步公平完备，出身寒门农家的考生录取比例呈直线上升。

◎《山溪水磨图》，又名《民物熙乐图》

　　元 佚名。画面描绘了山水、亭台、盘车水磨、牛车等场面。水磨坊的经营，兴盛于南北朝末期，以盘
车水磨为题材的画出现在唐、五代，兴盛于两宋。辽宁省博物馆藏。

在这样的背景下，随着南方稻作和南方经济发展的地位愈加重要，经济基础厚实起来的南方人民，读书入仕、光耀门楣也就有了必要和充分的条件。隋唐两代，北方人在科场竞争中占据了绝对优势；从北宋之后，南方尤其是东南地区的进士及第人数，开始占据了压倒性优势。明代89名状元中，来自南方的学子有竟78人；清代的78名状元中，有68人是南方人，而江苏和浙江的状元人数，更是牢牢占据了第一、第二位。

尽管科举取士一直存在南北之争，但毋庸置疑的是，耕与读并举，成为人们日常生活的普遍状态，"朝为田舍郎，暮登天子堂"，成为中国人最为重要的上升通道；"耕读传家"也作为被社会推崇的理念，深深地扎根于中国传统文化之中，哪怕是游牧民族统治的元代，也不得不重新开科取士。

经济实力的充裕、光耀门楣的理念，也进一步促使中国基层乡村形成了一定实力的经济体，有动力也有能力保障农耕子弟的读书学习。从宋元始到明清，"耕读传家"也让华夏民族的文脉得以传承不断，使中国不同于其他文明古国，从未湮灭于世界。

而硬币的另一面，随着南方垦荒的增加、稻作日渐普及、人口的持续增长，国内市场充足且自给自足，农业税收足以维持中央统治机器的运转，华夏民族也逐渐放慢了对外扩张的步伐，从此步入了近800年稳定的发展周期。

大豆和玉米改变了王朝的命运

大豆和玉米，一种原产于古老的中国，另一种原产于古老的美洲。欧洲人开辟的新航线，将两种作物的命运连接并交织在了一起。起先，它们成为更多人类生命的热量来源，而后，它们悄悄地吸引着人类迈向了掠夺之路。

18世纪60年代，就在工业革命的序幕被拉开的这一刻。在世界的两端，人们在这两种同为金黄色的作物种子身上看到的却是截然不同的光景，从此，历史的进程走向分道扬镳，并最终让古老的中央帝国低下了骄傲的头颅。

1759年（清乾隆二十四年）的春天，四川籍的江夏知县李拔调守福宁知府（今福建宁德地区）。他看见福宁地处滨海，山多田少，当地居民多以捕捞为生而不重耕织，常有谷麦不继之困。

一心想要解决当地温饱问题的李拔，先是想到了福建已经引种比较成熟的番薯，但它"易致腐烂，不堪收贮。且必得成段沙地，方可种植"。于是，他提笔向乾隆皇帝建议：有种作物叫包稻，闽中叫它"番豆"，可以在

173

斜坡陡山上的薄土中播种，夏天成熟，可以充粮食和酿酒，而且它的外皮喂猪也是不错的饲料（清·李拔·《福宁府志·请种包谷议》）。

李拔所说的"包稻""番豆"就是玉米，自幼生活于四川盆地西南部，他对玉米的扩种应该并不陌生。在"湖广填四川"的路上，人们将带来的金色种子撒在了山坡上。就在李拔编纂完《福宁府志》的 1762 年（清乾隆二十七年），中国人口突破了 2 亿。

这位知府站在霞浦的港湾向东眺望，愁思治下民众生计问题的时候，他一定不会想到正在大洋的另一端发生的事。

1765 年，北美乔治亚州萨凡纳市，前东印度公司的海员塞缪尔·鲍恩在自家的院子里支起了一口大锅。他模仿着自己从远东人家里学到的方法，将中国人非常熟悉的大豆放进锅里蒸煮——这是中国酱油酿造的一道工序。他雄心勃勃地希望能酿出酱油，并将金色的种子撒在北美洲的土地上。

也正是在这一年，英国政府颁布了《印花税法》，而后来的《独立宣言》签署者之一约翰·亚当斯在此时写道："我向来怀着崇高和惊奇的心情认为，北美拓殖乃是上苍教化和解放全世界所有奴性十足之人的宏伟计划的开端。"

具有象征意味的是，在那 5 年之后，塞缪尔·鲍恩将他的大豆产品——酱油——出口到了英国。

玉米和大豆，这两种金色的作物因为航路连接了大洋，不经意地擦肩而过，继而，它们的身影在东西两个大陆板块上，引发了不亚于沧海桑田的变化。

西班牙传教士他乡遇故知

1575 年（明万历三年），明朝的把总王望高追踪海盗林凤，来到了马尼拉，并在同年带着西班牙奥斯定会修士马丁·德·拉达神父一行人，回到了"富有魅力的"泉州港。修士们发现，泉州一带农村的田地里，除了

"种植着稻谷、大麦、腰子豆、扁豆"等作物之外，还有一种他们熟悉的粮食，那正是美洲传来的玉米。

在距今 10000 年到 6000 年前，美洲大陆的人类就在巴尔萨斯河谷地区将一种野草驯化成了高产美味的玉米，并成为这里最重要的栽培农作物之一。1492 年 10 月 16 日，哥伦布在日记中第一次提到了这种"印第安谷物"。一个月后，他们在古巴岛再次见到了这种作物，当地人称为"马西日"（Mahiz）。

哥伦布和船员们试着品尝了这种谷物，发现它味道不错，而且能够胜任多种烹饪方式。1493 年，他的船队返回西班牙，在献给西班牙女王伊莎贝拉一世的礼物中，就有一包金黄色的玉米粒。在第二次通往新大陆的航行后，那些欧洲水手们带回的种子在西班牙、葡萄牙开始被引种。

欧洲人很快就爱上了这种金黄色的谷物，随着他们通往全世界各地的帆船，玉米也被带到了世界各地。到了大明万历初年，这种产量高，而且对环境有较强适应性的作物，已经取道东南海路、西南和西北陆路进入中国。而西班牙传教士在中国发现玉米的地方，正是由于山多地少、米不敷食，当地居民纷纷贩海求生的福建。

不过，在 1578 年（明万历六年）编著完《本草纲目》的时候，在李时珍目之所及的范围内，仍然是"玉蜀黍种出西土，种者亦罕"。玉米在中国的扩张步伐，还要等到人口压力进一步加重之后。

皇帝的税和上山的"棚民"

直到 18 世纪初，中国南岭山脉的大部分丘陵和山岭还覆盖着森林，农业较少开发，而以秦岭为主干的广大山区，直到 1700 年（清康熙三十九年），除了少数几个有历史地位或战略意义的市镇开发较早之外，依然人烟稀少。东南沿海各省日益增加的人口压力，最终迫使东南的贫苦农民前往开垦长江流域内地省份的丘陵和山区。

⊙ 《扁豆蜻蜓图》

此图为《韩希孟绣宋元名迹册》之第七幅，在白色绫地上绣成。

1712年（清康熙五十一年），在平定了三藩之乱、收复宝岛台湾、驱逐沙俄对北部边疆的侵扰等一系列征战后，清政府规定，以前一年（1711年，清康熙五十年）的人丁数作为征收丁税的固定数，以后"滋生人丁，永不加赋"，废除了新生人口的人头税。

到1723年（清雍正元年），清政府开始普遍推行"摊丁入亩"，把固定下来的丁税平均摊入田赋中。

而至乾隆年间，《大清律例》里又新加了一条：各省官员不得重新丈量百姓的土地，也不得强令农民向官府汇报自己开垦的荒地。这就意味着，从今往后，新垦的土地都将免税。

无论是在东南的浙江、江西、安徽，还是在中部的湖南、湖北，四川盆地、巴山、秦岭所在的陕南地区，甚至还有台湾，许多过去荒无人烟的山地深箐，逐渐被新来的移民开垦出来。在山地上也容易种植的玉米，随着移民的步伐，大踏步地向山区扩展着势力范围。

尤其在浙江、江西、湖南、湖北等地区，这些垦荒种玉米的农民住在临时搭起的山地棚屋中，因而被称为"棚民"。玉米是他们最主要的作物和主食，番薯则成为重要的补充。移民们纷至沓来，必须开垦新的土地，甚

◎《钦定平定台湾凯旋图》

清康熙时期宫廷画家绘制。这幅画的背景是康熙皇帝派兵收复台湾。1683 年（清康熙二十二年）六月，施琅出兵台湾，消灭郑氏，成功收复台湾。1684 年（清康熙二十三年），清廷设台湾府等，使台湾得以统一纳于中国版图之内。

至那些过于陡峭、土层太薄、连种植玉米和甘薯都不适宜的土地，也被移民们种上了各种农作物。

此时此刻，在地球另一端的欧洲大陆，来自美洲的玉米、土豆等新作物，同样也为欧洲的平民们提供了宝贵的热量。在英国，18 世纪后半叶的 50 年里，仅谷物产量就增长了 28.1%，而充足的食物供应，更让其人口猛增了 41.8%，从而为工业化所需的劳动力增长提供了坚实的基础。在这宝贵的数十年里，一个蓬勃的"机器时代"走上了欧洲的历史舞台。

玉米的蔓延成为帝国最后的迷梦

1743 年（清乾隆八年），经过统计，中国的人口已经达到了 1.6445 亿，大大突破了历史上有书面记录的数字。要维持日益增长的人口需要，首先必须解决粮食问题。

劝垦荒、劝农桑，是中央帝国能想到的最有效的办法。那些移民走进深山幽谷，向自然伸手，从土里刨食；从朝廷官员到封疆大吏，都把垦荒和推广种植玉米、甘薯作为缓解人口压力的重要途径，像李拔这样的基层官员，身体力行地带头在新开发的地区试验播种玉米。

此时，大量原本人迹罕至的山地丘陵都能找到玉米的踪迹。玉米已发展到与五谷并列，跃升为"六谷"的地位（包世臣·《齐民四术》），而且在广大丘陵山地后来居上，成为"恃以为终岁之粮"的主要粮食作物了。1752 年（清乾隆十七年），鄂西北的房县已经连续几年迎来了玉米的大丰收，山上的农民家家种植，将玉米视为生命（清·《房县志》）。

也正是在这个时期，中国的人口进入了真正的爆炸式增长时期。1762 年（清乾隆二十七年），中国人口突破 2 亿，1790 年（清乾隆五十五年）突破 3 亿。到 1850 年（清道光三十年）的时候，中国人口为 4.36 亿。

可以想象的是，乾隆皇帝面对的是如此辉煌的局面，向紫禁城外望去，在玉米、番薯等作物的加持下，长江流域、云贵川和西北的大片丘陵山地，

⌃ 《万国来朝图》

清 佚名。此画描绘的是大清藩属国以及外国使团来紫禁城向清朝皇帝进贡礼品的场面。每到元旦等重要节日朝贺庆典，外来宾客会着艳丽的服装，带着琳琅满目的贡品来京朝贺。这幅画充分展现了清朝作为"天朝大国"接受万国朝贡的空前盛况。

《采茶·种茶·制茶·贸易》图册（节选）

选自《中国自然历史绘画》，18世纪外销画。

1. 种茶

2. 采茶

3. 炒茶

6. 运输

7. 海关盘查

8. 官员与洋人交涉

4. 晾茶

5. 装箱

9. 洋人检查茶叶

10. 成交

得到了开发利用，全国的耕地面积达到了 11 亿—12 亿亩，比明朝增加了 50%，粮食总产量较明朝提高了一倍左右；回头看紫禁城内，国库盈余高达 7000 万两白银。这简直是汉唐也比不上的盛世。

乾隆皇帝唯一的担心是，人口的增长会不会越来越快，越来越多。但他没有意识到，也无法掌控的是，帝国命运的天平，实际上早已向另一端倾斜。

事实上，从王望高带着马丁·德·拉达神父来到泉州的时候，这个自恃中央帝国的国家就已经开始拉开了和西方文明的差距。欧洲人开始在全世界做生意，积累着财富，甚至已经爆发了尼德兰资产阶级革命。

即便当时的工商业已经在中国开始进化，但明朝的皇帝却"重农抑商"到了极致——明政府的收入有将近 90% 是来自田赋，远超汉、唐、宋时代。张居正的"一条鞭法"也无法改变这一僵局。后世的"摊丁入亩"，也无非在"一条鞭法"的基础上，放松了对底层农民的人身控制罢了。在清代中前期，田赋所占的国家财政收入约为 70%，要到 1840 年鸦片战争之后，由于关税、厘金等开征，田赋所占的比例才逐步下降。

而眼前欣欣向荣的局面让乾隆皇帝很满意，有限的土地养活了数以亿计的人口，在他这位开创"十全武功"的皇帝治下，中国的农业文明已经创造出了非凡的奇迹。他也相信，来自土地的产出足够国家机器的运转，人口的暴增意味着市场已经足够大，那些从遥远的西方传来的机器轰鸣声，并不是什么耸人听闻的消息。

或许也正是因为这样的自信，1794 年（清乾隆五十九年），英国使节马嘎尔尼来到中国访问的时候，乾隆皇帝写下了一段著名的话："天朝物产丰盈，无所不有，原不藉外物以通有无。特因天朝所产茶叶、丝斤、瓷器，为西洋各国及尔国必需之物，是以加恩体恤，在澳门开设洋行，俾得日用所资，并沾余润。"

这个国家将为此付出代价。

"龙兴之地"与大豆的 3000 年之缘

　　乾隆皇帝所谓的"天朝"物产中，也一定包括了另一种金黄色的种子——大豆。清王朝的"龙兴之地"东北地区，可以说是中国最早栽培、食用大豆的重要起源地。黑龙江省宁安市大牡丹屯和牛场两处原始社会遗址，以及吉林永吉县乌拉街原始社会遗址，出土了距今约 3000 年的大豆遗物。

　　在九州大地的另一端，周原的人们也早已开始"七月烹菽"。菽是豆类的总称，五谷中一般指大豆。

　　在几千年的时间里，中国人吃豆饭、食藿羹（豆叶羹），由于"保岁易为，以备凶年"，在战乱和饥馑年代里，它甚至一度上升为第一主食；同时，大豆还在中国被开发出各种副食，最为重要的则是豆腐和豆酱；人们

⊙《万亩登丰图》卷（局部）

清 董诰。

不但食用大豆，还将它作为恢复土地肥力，并和其他农作物搭配形成多种组合，增加土地出产，解决青黄不接的问题；到隋唐之后，人们开始食用大豆油，而榨油后的大豆饼粕作为肥料或饲料，再一次回到田间或牧场贡献它们的营养价值。

清朝初年，由于王朝更替的战乱，东北地方人口损失严重。为了恢复经济发展，清王朝于顺治初年颁布了招垦令，招募关内农民前往东北开垦务农。于是，直隶、山东、河南、山西地区的人们大量迁入。但大量的移民迁入又让清王朝感到了恐慌，并于 1668 年（清康熙七年）推行封禁政策，筑起了"柳条边"。直到 1860 年（清咸丰十年）后，在内忧外患之下，东北地区才开始局部解禁。

在有清一代东北招垦移民的进程中，五谷之一的大豆，和高粱、谷子、玉米、小麦，在辽河流域普遍耕种。移民们带来了先进的农业生产技术，使农作物的产量不断提高。而东北平原深厚肥沃的黑土地孕育了品质极好的大豆，不管是数量还是质量，东北大豆都超过了关内大豆，位列全国之首。东北出产的大豆和大豆制品——豆饼和豆油，向内地的输出量逐渐增加，这使得东北大豆的种植规模进一步扩展，成为中国大豆种植的重要基地。

作为一种重要的近代工业原料，东北的大豆也引来了洋人的觊觎。

被掠夺的金色血液

回到故事开始的 1765 年（清乾隆三十年）。开辟了新航路、正在谋求世界贸易的欧洲人，也正在全球各地寻找一切"有用的"植物和动物。来自中国的大豆和豆制品，早已为世人所知，并且逐渐成为世界贸易中的青睐对象。在整个 18—19 世纪，中国大豆不断在世界各地引种传播，到达了欧洲、大洋洲、南美洲。

1840 年（清道光二十年），中国传统干支纪年中的庚子年。来自京师的钦差大臣林则徐，进行了伟大的虎门销烟，而英国以之为借口，发动了

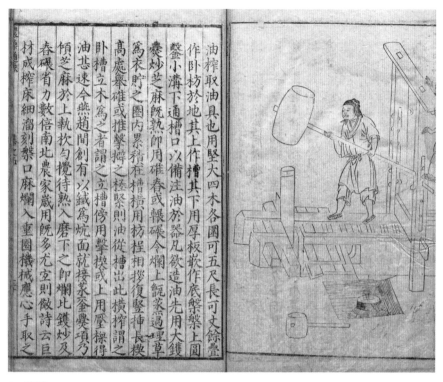

◎ 油榨

古代农用取油具。选自中国元代农学家王祯著作《农书》。

侵华的鸦片战争。中国皇帝曾经不以为然的机器轰鸣声，造出了坚船利炮，欧洲殖民者蜂拥而至，让古老帝国的门户从此大开。

第二次鸦片战争后，随着中英《天津条约》规定 1861 年（清咸丰十一年）牛庄（今营口）开埠，东北经济也被迫卷入了与外国的贸易往来，牛庄豆货成为外商贩运牟利的首选农产品。1869 年（清同治八年），清政府正式取消了大豆外运的禁令，东北大豆开始进入国际贸易舞台。

1873 年（清同治十二年），清政府采纳海关总税务司赫德的建议，将东北大豆样品带到奥地利举行的万国博览会参展，东北大豆特产品的知名度陡增。从此，外商高度关注中国东北的大豆、豆饼。1890 年（清光绪十六年）中国大豆三品输出总价为白银 37 万两；1900 年（清光绪二十六年）为 547 万两白银；1910 年（清宣统二年）为 3669 万两白银；到 1920 年，达到

了 6362 万两白银，40 年间增长了 190 倍。

这其中，日本对东北的大豆格外关心。1900 年 3 月，日本三井物产从营口进口了 348 万枚中国豆饼。从此，豆饼成为日本农业发展的主要肥料。

而第一次世界大战期间，欧洲各国为扩充军需，将国内油脂工业改为军火生产后，造成豆油等生活必需品短缺，东北的豆油大量运往欧洲制造肥皂、蜡烛、油漆等。豆油在西欧各国还曾被用来制造炸药和用作其他工业原料，豆饼用来饲养家畜。19 世纪 20 年代，东北"大豆三品"出口达到了顶峰。到了 1928 年，"大豆三品"取代茶叶和丝绸这两大传统出口商品在中国对外贸易史上的地位，占出口总额的 20.5%，1931 年上升到 21.4%。

然而，此时的大豆出口，更多的是中国为自己落后所付出的代价。因为东北开发伴随着殖民经济侵略因素，大豆的出口贸易一开始就被纳入殖民经济掠夺这一畸形开放的体系中。而掠夺最积极的，就是日本侵略者。

1905 年，日本赢得了日俄战争的胜利，次年，"南满洲铁道株式会社"就宣告成立。这并不是一家单纯的铁路公司，而是日本在中国东北进行政治、经济、军事等侵略活动的指挥中心。满洲铁路的延伸，仿佛一条条扎入中国身体的抽血针管，将中国的"金色血液"源源不断地抽走——1918年，满洲铁路修建长度为 4098 公里，大豆生产量为 220 万吨；而到了 1928年，满洲铁路修建长度达到 6256 公里，大豆的生产量更是跃升至 530 万吨（日·《满洲经济年报》）。

柳条湖与珍珠港的爆炸，是中国大豆的哀歌

东北大豆出口的背后，是美、日、俄等帝国对我国东北利益的争夺。就在东北大豆出口到达顶峰的那年秋天的一个深夜，奉天柳条湖附近的南满铁路路轨上，传出了一声惊天的爆炸声。日军以此为借口，炮轰沈阳东北军北大营。到了 1932 年 2 月，东北全境沦陷。从此，通过对大豆蛋白和大豆油的加工利用，中国东北大豆彻底沦为了日本发动侵略战争的重要战

187

◎《豆荚蜻蜓图》页

南宋蒲扇页。豆荚，豆科植物的果实，属于豆荚。

略物资。

在太平洋的另一端，南北战争后，美国人发现了大豆作为一种作物的优越之处。于是，美国农业局开始在国内推广大豆的种植——作为家畜的饲料。随着工业革命带来的机器普及，豆制品的制作效率越来越高，成本越来越低，而人们对于肉制品消费的需求，又进一步推动了大豆的种植。

也正是在第一次世界大战之后，美国大豆种植者协会成立，其大豆种植开始发轫。从 20 世纪 30 年代初开始，美国开始成为全球主要的大豆生产国，1931 年超过日本，1934 年超过朝鲜半岛，1941 年几乎赶超中国东北。

就在珍珠港惨痛一役后，1942 年初，美国农业部发布了一本小册子，并广泛地分发给农民。册子上的标题为"大豆油和战争：种植更多的大豆以取得胜利"。从 1941 年到 1942 年，仅仅在一年之内，美国就超过了中国，成为世界主要大豆生产国，并从此一直保持着领先优势。

而在日本敲骨吸髓般的殖民侵略下，中国东北的资源大量流失，民族工业日益衰落，从此，中国大豆也由曾经的出口巅峰走向萎缩。到 1949 年，中国大豆产量只剩下 509 万吨，甚至还不到 1936 年产量的一半。

1935 年，在目睹了东北人民的流亡后，作曲家张寒晖写下了那首知名的《松花江上》："我的家在东北松花江上……还有那漫山遍野的大豆高粱。"而今，这样的东北再也不见，大面积的大豆、高粱早已被玉米所取代。《中国统计年鉴 2018》的数据显示，2017 年，东北三省一区的玉米种植面积为 2.47 亿亩，产量为 11241 万吨，占全国总面积和总产量的比例分别为 38.8% 和 43.4%。而在 2018 年，全国的大豆播种面积则为 1.27 亿亩。

2018 年，玉米在中国粮食产量中占 39.11%，位列第一，而豆类则为 2.91%。我国大豆及豆粕的国际贸易从 1995 年和 1996 年度开始逆向发展，最终由净出口国转变为净进口国。近 10 年来，我国大豆消费对国际市场的依赖度，一直保持在 80% 以上。

2019 年，中国农业农村部决定，实施"大豆振兴计划"。如今，我们又将以什么样的身姿迎接大豆的归来？

禁酒令下蔓延的高粱

在我们的记忆中，红彤彤的高粱似乎一直植根九州大地，耐贫瘠、易种植，是人们必不可少的口粮之一。但事实上，走过几千年的历史，直到16世纪这个节点上，它才迎来了一个绝佳的历史时机。"郁积成味，久蓄气芳"而变化出的酒，让它真正迈开了大步，扩张自己的领地，而"康乾盛世"中的一道又一道禁酒令，只催促了它一再加快步伐。

从某种意义上说，肆意蔓延的高粱，在清王朝走向衰落的时候，会长成一株高高的"坟头草"；而当民族危难来临时，它又会燃烧自己的血液，义无反顾地抛洒向自己生长的大地。

只有25岁的乾隆皇帝爱新觉罗·弘历，在自己即位执政的第一个年头，就被卷进了一场以禁酒为题的大型辩论会中。这让年轻的他有些不安，甚至一度对自己谕旨的正确性产生了怀疑。

1736年（清乾隆元年）十一月，一内阁学士兼礼部侍郎方苞向乾隆皇帝上奏：一位来自南方安徽桐城的官员，现在直隶、河南、陕西、山西、甘肃5个省，因为烧酒而每年要耗费数百万石乃至上千万石粮食；酒不但浪费老百姓的钱，还从他们口中夺食，酗酒还会引起争斗甚至命案，每年

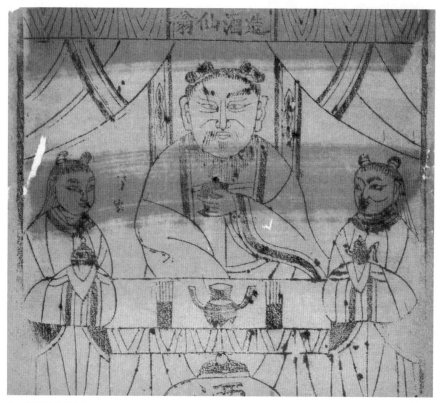

◎ 造酒仙翁年画

祭祀酒神时的供奉。

复审各省上报的死刑案件里，有两三成是来自这 5 个省。因此，他建议，禁止民间烧曲造酒（清·方苞·《奏为条陈禁酒禁烟植树等足民之本管见事》）。

起初，乾隆皇帝觉得方苞的建议十分合理，禁酒也是两位先帝执政时已经尝试过的政策，这不都是为了老百姓仓廪实而知礼节，降低犯罪率嘛。于是，他采纳了方苞的建议，并于次年五月下令这五省"永禁造酒"。

但是，这个看起来有利于社会治安的禁令，却让时任刑部尚书、来自山西兴县的官员孙嘉淦急了。他的一道奏折就直接扔到了南方官员方苞的脸上：北方烧酒用的是高粱等粗粮，而酿黄酒用的才是米、麦等细粮，真正耗粮的不是烧酒，而是黄酒。禁了烧酒不但导致粗粮弃之无用，民间反而转造黄酒，更加不利于储藏；同时，禁烧酒会把原来民间化无用为有用

⊙《戒酒防微》

　　选自《帝鉴图说》之上篇《圣哲芳规》。讲述的是大禹戒酒，以防耽误国事的故事。

的额外收入给断绝了，不利于民生；而且，基层的官吏搞不好会以禁酒为名，向老百姓敲诈勒索（清·孙嘉淦·《请开酒禁疏》）。

收到孙嘉淦的奏折后，年轻的乾隆皇帝犹豫了，他下令让官员们来辩议这件事，如果的确如孙嘉淦所说，那么他的谕旨是可以收回的。不过，尽管五省督抚都反对"一概禁绝"的极端做法，但这场辩论的结果却是，禁酒令经过一些局部修正之后，还是在五省率先推行，并且在日后成为国家的常年之法。

中国刑部官员孙嘉淦当然无法预见 180 多年之后，在大洋另一端的美国，由禁酒而催生的私酒、走私以及黑帮的泛滥。但他直陈的种种禁酒偏颇，则会一一应验：严格的法令并不能阻隔酒香弥漫，而且，红色的高粱会从历史长河中的若隐若现中走出，向着中国大地南北各省肆意地蔓延开来。

高粱的故事，和中国人沉醉的一缕浓香息息相关。它既是贫瘠土地上亮起的狡黠微光，又是民族危难时坚挺的脊梁、燃烧的血液。

烧酒、高粱与白银的共谋

两位落第学子把酒唱和 300 年

1358 年（元至正十八年）十二月，明太祖朱元璋兵至徽州（今安徽歙县），在这里，他遇见了学识不亚于刘基的隐士朱升。当朱元璋学着刘备三顾茅庐，问策于朱升时，朱升给了他 9 个字："高筑墙，广积粮，缓称王。"也正是在这个思路下，当月，朱元璋便下令，为了不浪费米麦粮食，之后在自己的根据地内严禁酿酒。

作为一个纯粹的农民的儿子，明太祖朱元璋对于浪费粮食的行为一定是深恶痛绝。也正因此，他的政令在历代禁酒、榷酒的基础上更进一步。1366 年（元至正二十六年）二月，朱元璋的禁酒令再次升级，令农民不得栽种糯米，以此来断绝酿酒的源头（清·顾炎武·《日知录之余》）。

不过，由糖类"郁积成味，久蓄气芳"而变化出的酒，既是人们拽耙扶犁、岁稔年丰时的慰藉，又是寄情山水、相忘于江湖时的陪伴。中国是世界上最早的酒种之一米酒的诞生地。在秦汉时期，中国也出现了最早关于"烧酒"的记录，现代白酒的前身蒸馏酒，也开始步入历史的舞台。数千年来，中国人酿造烧酒的技术不断更迭，酒的消费也水涨船高。

明太祖朱元璋自己定下的禁酒政令，也很快沉入了时光的尘埃里。1394年（明洪武二十七年）八月，朱元璋让工部在京城（南京）建了10座大酒楼，要与民皆乐（《明实录》）。不仅如此，中国的造酒工艺也在有明一代跨出了划时代的一步。

1504年（明弘治十七年），一本名为《宋氏养生部》的书籍成了书肆上的畅销书。写下这本书的华亭（今上海松江区）文人宋诩，祖荫为官，但他自己却没能像祖辈那样考取功名，而是转投了口腹之欲。在这本书的第一部分，他便记录下了一种烧酒的酿制工艺。这一工艺，也是中国历史上第一次明确出现的固态法白酒生产方法。其后，宋诩甚至带着儿子宋公望一起，记录了近百种造酒法，流连于这人间烟火气中（明·宋诩·《竹屿山房杂部》）。

那么，这近百种造酒法所涉及的各种粮食、水果原料中，哪一种原料会是固态法烧酒的上选呢？

300多年后，另一位和宋诩一样失意于考场、隐于市井间把酒吟诗的文人杨万树，给出了穿越时空的呼应。杨万树将自己50多年酿酒自乐的经验一一总结，并且在试用过14种造酒原料后发现，只有高粱"制酿甚善"。也正因此，高粱烧酒才能遍行九州大地，被人们推为第一（清·杨万树·《六必酒经》）。

当然，宋诩时代的大明农民，显然还不会未卜先知地了解到这个结论。此时，高粱还只是占据他们自家田头一隅，粟、麦、稻之外的补充作物。

谜一样的高粱

在宋诩记录烧酒法后60年，蕲州（今湖北蕲春）落第学子、草药医生

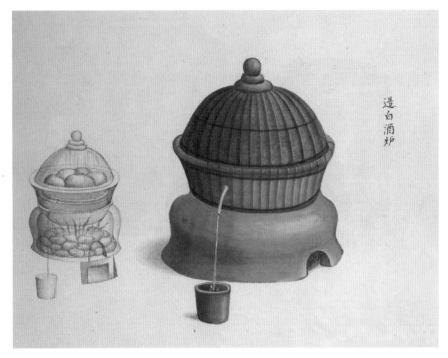

◈ 造白酒炉

选自《中国自然历史绘画》各式炉灶图。

◈ 明代白地黑花"内酒"瓷瓶

河南省开封市朱仙镇周宪王墓出土。河南博物院藏。

◎ 清代银烧蓝暖酒壶

银质壶，由内外两部分组成。

李时珍走遍名山大川探寻百草时，在华北大地上见到了一种"茎高丈许，状似芦荻而内实"的"蜀黍"，而且分为两种，其中一种黏性的，被人用来酿酒，不黏的则可以用来做糕点，或者煮粥度荒。然而，当李时珍要落笔时，却发现可做参考的文字素材十分贫瘠，"不甚经见"（明·李时珍·《本草纲目》）。

这种"蜀黍"，就是今天我们所说的高粱。而它的身世，一直是一个谜团。

有人认为，栽培高粱的原生中心起源于非洲东北部的埃塞俄比亚，在距今 5000 年前，被驯化的高粱跟随人类的足迹开始扩散，经过次生传播中心印度再传入中国。然而，在当代的杂交试验中，中国高粱和印度高粱的后代结实率却很低。

在中国新石器时代的墓葬中，人们也发现了和高粱高度相似的碳化谷物，那么，中国的古人也可能驯化了高粱。但目前为止，在我国境内还没有发现哪一种野草被肯定为中国高粱的野生祖本。

◈　稻和粱

　　选自《诗经名物图解》，细井徇绘。

还有学者发现，在两汉、魏晋、宋元时期，高粱都有可能通过西北、西南、"海上丝绸之路"，二次传入中国。但是，这种作物却似乎一直没能获得中国农民的青睐。李时珍在"考古证今、穷究物理"的过程中，给他造成巨大困惑最重要的原因之一就是，古人送给它的称谓实在是太多了。最终，这位医药学家只能在释名中把各种名称一一抄录：芦穄、芦粟、木稷、获粱……除此之外，在各个地区，这种作物还有多达 20 余种不同的名字：蜀秫、秫黍、杨禾、稻黍、粱秫、荻子……

如此复杂多样的名称，只能说明，直到明代，高粱都没有像粟、稻、麦等作物那样得到大规模栽培种植，而且种植区域非常分散，所以才会形成各地各自不同的称谓。它在中国人的粮食结构中也并不占重要地位，其中一个重要的原因就是，高粱的口感确实不怎么样，既粗粝，又发涩，而且不容易消化。

限制高粱扩张脚步的，还有另一个羁绊，那就是这片土地上最大的地主——皇家也不怎么待见这种粗粮。

白银参与的共谋

自古以来，中国的田赋基本都是以征收粟、麦、稻等粮食实物为主，一直到元代，积粮仍要求粮食实物。明初，田赋的征收以米、麦等实物税为主。但即便是征收粮食实物，高粱几乎也没有进入过统治者的眼中。

直到 1436 年（明正统元年），明政府允许南京、浙江、江西、湖广、广东、广西、福建将原征米、麦 400 万担，折纳"金花银"100 余万两。"民间不得以金银物货交易"的大明祖制终于被打破，白银流通开始合法化。

1530 年（明嘉靖九年），大明吏部尚书兼武英殿大学士桂萼根据自己长年任地方官的经验，深感赋役征集复杂低效，向朝廷提出了他的改革意见。在他的建议下，户部很快交出了改革方案，规定"通计一省丁粮，均派一省徭役"，而且，"每粮一石编银若干，每丁审银若干"（清·张廷玉·《明史·食货志》）。这一赋税办法被称为"一条编法"，也即后来的"一条鞭法"。

◎ 明代犀牛角酒壶

13.3 厘米 ×4.2 厘米 ×4.7 厘米。

　　及至张居正于 1581 年（明万历九年）全面推行"一条鞭法"后，除苏杭等少数地区仍征实物田赋供应皇室之外，全国田赋、徭役以及其他杂征总为一条，合并以白银计算征收。

　　在中国大地上悄悄繁衍了上千年的高粱，终于在 16 世纪这个节点上，迎来了一个绝佳的历史时机。它耐旱、耐涝、耐盐碱、耐贫瘠，却口感粗粝，作为粮食出售换成白银，价格显然远远比不上粟、麦、稻等传统主粮。但是，随着烧酒工艺的提升，高粱原本发涩的味道却恰恰是释放出芳香的重要来源，从粗粮到造酒原料的转变，会让每天精打细算过日子的农民获得额外的现金收入。

　　这一刻，高粱穗的火红会点燃人们眼中狡黠的目光。

高粱的逆袭

越禁越多的烧锅酒

1688 年（清康熙二十七年），皇城根下，这一年北京的秋雨迟迟没有到来。北京和畿辅地区的干旱，一直持续到整个 1689 年（清康熙二十八年）。康熙皇帝爱新觉罗·玄烨为此几乎"焦心劳思、寝食俱废"。除了祈雨、赈灾、免税等各种措施之外，当康熙皇帝了解到，盛京地区还有人在大旱之年用米粮蒸造烧酒时，立即派户部侍郎赛弼汉赶往奉天（今辽宁沈阳），会同当地官员，严令禁止造酒（清·张廷玉等·《皇朝文献通考》）。

这场严重旱灾之后的六七年里，禁酒令逐步扩大范围，先是直隶顺、永、保、河四府禁止烧锅（指用锅蒸谷、承取蒸馏以酿酒），随后又扩大到湖广、江西、陕西等南北九省。为了以儆效尤，私开烧锅的人和失察的地方官，皆被施以重处。

然而，1717 年（清康熙五十六年）这一年，直隶粮食迎来了大丰收。直隶、热河的小米只值四钱一石，于是烧锅之禁大开（清·赵弘燮·《奏报访得烧锅情形并请于丰年宽禁折》）。邻近的宣化高粱也大获丰收，烧锅户们蠢蠢欲动，希望效仿热河开禁。

然而，康熙皇帝对这个问题未置可否，而是让地方官员自行处置。这个甩锅思路，到了他的继任者雍正皇帝胤禛那里也被沿用了。尽管雍正皇帝本人的态度是，烧锅一多，必定要浪费粮食，实属无益，但他还是挑了个唯恐扰民的理由，让地方督抚根据实际情况办理（清·史贻直·《奏覆前已饬禁烧锅及本年示禁情形折》）。

在这种模棱两可的态度下，烧锅不但没有像皇帝们所愿的那样被禁止，反而愈演愈烈，更让刚刚即位的乾隆皇帝感到头绪万千、错综复杂。

在本文起始的那场禁酒大辩论之后，1738 年（清乾隆三年）十月，刑部尚书孙嘉淦调任直隶总督。尽管他力主开禁，但法令之下，还是按律严

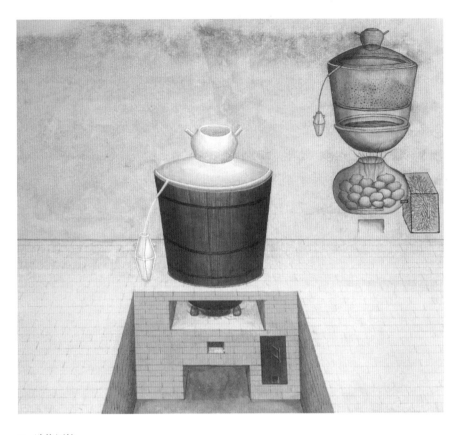

⊙ 造烧酒炉

选自《中国自然历史绘画》各式炉灶图。

格执行，他上任后一个月内，就查获私烧运贩案件 78 起，拿获人犯 355 名。而他的前任总督李卫，更是曾在任内一年即查获烧锅案件 364 起。三代清帝禁烧锅而不止，仅直隶一地的烧锅之多，透过这些违禁案件就可见一斑。

如果一道禁令并没有让民众望而却步，反而争相以身试法，那么，这其中一定出现了什么问题。这对于深谙律法之道的前刑部官员孙嘉淦来说，一定深有体会。于是，他再次力主开禁，希望废除禁酒之令（清·孙嘉淦·《请开酒禁疏》）。因为禁止烧锅之后，高粱的价格下跌，而酒的价格自然上涨，民众的收入变少而支出变多，如同水往低处流是个自然规律，老百姓在自己的小日子里处处趋利，是很难禁绝的。

那么，这个导致烧锅屡禁不止的问题，究竟是什么呢？

狡黠而理智的选择

事实上，早在 20 多年前，就已经有人注意到了这个疑问。1716 年（清康熙五十五年）十一月，直隶巡抚赵弘燮正在奉命严查烧锅。初五，康熙皇帝在赵弘燮的奏折上批示道，他听人议论说，烧锅可能有益于钱粮之事，说不定也有道理。赵弘燮在随后的调查中发现，原来老百姓烧酒可以赚点小钱，而这些现金刚好可以补充交税的支出（清·赵弘燮·《奏报访得烧锅情形并请于丰年宽禁折》）。

回到 1581 年（明万历九年），"一条鞭法"将各种赋税合并而征收银两，按亩折算缴纳。这种税收制度被清朝沿用下来，田赋主要直接缴纳货币，只征收少量的粮食（比如军需物品黑豆）。百姓收获后要缴税时，需要卖掉粮食换成白银，此时，集中的抛售又会让市面上的主粮价格下跌。只有提高出产作物的变现能力，才能提高家庭的现金收入。

与此同时，因为清朝历代都推行禁酒政策，显然无法光明正大地对酒业征收重税。正如赵弘燮建议可以发给执照、使之纳税的建议被康熙皇帝否决的那样，在清代前期，涉及酒类的市场零售税收和商品过关税都很轻，雍正时全国的酒类关税，只有白银 10 多万两。而造酒的烧锅户，朝廷更不便对其征税。

一面是需要现金交田赋，一面是较轻的酒税，农民们回头看看自己的地头，自然能够作出理性的种植决策——那就是选择种植棉花、烟草等变现能力更强的经济作物。事实上，在这种决策下，高粱已从一种粮食作物，摇身一变而成为一种以造酒为主要功用的经济作物。就像孙嘉淦所发现的那样，大麦、高粱之类，本来就不是老百姓日常愿意吃的粗粮，丰收年景里如果米谷充足，他们当然愿意多种点高粱来烧锅造酒，以换取更多的白银。

根据记载，1753 年（清乾隆十八年）四月，以承德、辽阳、海城等东北南部地区为例，当地粟米价格自八钱至一两四钱不等，高粱价自五钱五分至八钱四分不等（《清实录》）。同在乾隆时期，在山西榆次、朔州等地，酿酒基本利用高粱，依照质量优劣，价格为每斤 70 钱到 100 钱，与油价相

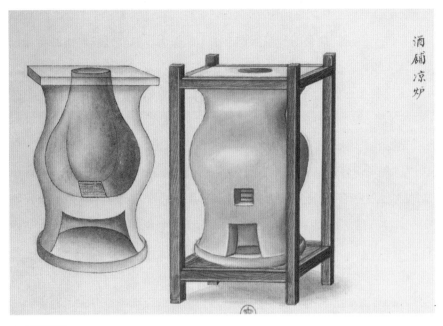

◎ 酒铺凉炉

　选自《中国自然历史绘画》各式炉灶图。

仿（清·祁隽藻·《马首农言·粮价物价》）。这种粮酒比价，也促使着人们种高粱用来烧酒。

　　同样，如孙嘉淦所预见的，那些熟知民间心思动向的地方基层官吏，以禁酒为名，横生出一个叫作"烧锅钱"的生财之道。在当时还属偏远的四川各地，烧锅造酒亦为数不少，由于没有造酒税收的名目，各地方官吏便时常以禁酒为名，下乡稽查烧锅糟房。而这一路稽查，少不了"小有规费"。然而，这些钱并没有收缴到府库中（清·周询·《蜀海丛谈》），它们会落入谁的口袋，便可想而知了。

一片火红的土地

　　就在"上有政策，下有对策"之下，高粱的种植面积不断扩大，甚至开始挤占其他作物的地盘。在全国各地，尤其是北方各省，高粱借着一股"酒劲"，在秋粮中迅速扩张着自己的势力范围。那一片片火红的高粱地中，藏着普通百姓对生活的种种憧憬。

在整个山东，高粱的种植比重都在不断扩大，在春播作物中甚至超过了传统主粮粟，仅次于市场上销售价格较高的小麦。根据整理统计，1672年（清康熙十一年），邹县毛家堂的高粱播种面积，占当地耕地总面积的10%左右，到了1699年（清康熙三十八年），已经增长到了35%；在1653年（清顺治十年）的曲阜县（今曲阜市）齐王庄，高粱播种约43亩，到了1725年（清雍正三年），高粱的播种面积已经达到186亩，再到1790年（清乾隆五十五年）时，这里的高粱播种面积已经达到了223亩，增长了418%。而在这一过程中，作为中国最传统的主粮作物，粟的播种面积下降到了30亩以下，甚至在有些年份里，都没有农民选择播种。

在烧锅较多的直隶，宣化"农田所产，高粱为多"（《清高宗实录》），乐亭"种者盖十之六七"（《乐亭县志》），束鹿的高粱种植面积占粮食种植面积的1/3（《束鹿县志》）。到清代中后期，高粱的比重在直隶许多地方已超过粟米，甚至超过小麦，成为当地生产最多的粮食。

1908年（清光绪三十四年），东北南部奉天省各种种植的粮食作物中，高粱以29.9%的占比高居第一，大豆占比22.9%位于第二。在东北中部，1911年（清宣统三年）的统计显示，高粱以22.6%的种植面积占比，排名第二，与粟的22.8%已十分接近。在辽阳的地方志中，高粱的作用只写了烧酒、饲料、织席、造纸和燃料，而并没有记录食用。

在禁酒令几乎形同虚设，目之所及已经火红遍野，国家开始面临危机的时候，皇帝和政府官员们终于回过神来了。

不屈的脊梁

高粱酒喂养出的北洋新军

1853年（清咸丰三年）三月，太平天国起义军攻占江南重镇江宁（今南京），定为都城，改称天京。此时的清政府，还背负着鸦片战争赔款和鸦片输入带来的巨额财政亏空。

同年七月，在内忧外患的财政危机下，户部借机站在民情的立场上，向咸丰皇帝奏请放开烧锅之禁，同时对其进行征课，并且表示，这些都是为了"俯顺舆情"。当然，在奏折的最后，户部更很隐晦地表达了一下，这对于国家的开支也会"稍有裨益"(《畿辅通志》)。咸丰皇帝很快准奏了。这意味着从康熙时期以来的禁酒制度，正式被废除。也正是在这一年的十月，扬州首征"厘捐"，很快推行到全国各省。从此之后，酒税逐渐成为清政府重要的税收来源之一。

尽管在光绪年间，因为自然灾害的发生，清政府曾考虑过是否重启酒禁，但时局不饶人。1894年（清光绪二十年），清政府在中日甲午战争中落败，并于次年被迫签下《马关条约》。中国历时30余年的洋务运动宣告失败，取得的近代化成果亦化为乌有。为了广开税源，清政府在酒类生产消费上陆续开征定额牌照税、落地税、酒类印花税，酒税最终成为从中央到地方的一项重要财政收入。

1901年11月，袁世凯继李鸿章之后，出任直隶总督兼北洋大臣，为练兵之需，他在任内首开烧锅的落地税。从北洋新军成军，到新军各镇组建，无疑都从酒税中得益。清政府培植出的新军，最终打响了推翻它的第一枪。而红彤彤的高粱，竟成了这个末代王朝的"坟头草"。

在此推动下，"制酿甚善"的高粱也一再地扩大着自己的势力范围。到清帝逊位之后、民国初年的1918年，中国的高粱种植面积达到了鼎盛，当年种植面积高达1473.6万公顷。这其中，远在大西南内陆的四川，酒业和高粱种植异军突起。1913年，四川全年酒产量约为5.9万吨；1938年，增长到约7.65万吨。与之相对应的是，到了1937年，四川全省高粱种植面积已有567万亩，总产量1461万石，在南方诸省中，四川高粱的种植面积是最大的。

此时，谁也想不到，四川的酒业和高粱，竟在无意中将支撑若干年后的民族存亡之战。

◎ 李鸿章像

李鸿章 (1823—1901 年)，晚清名臣，淮军、北洋水师的创始人和统帅，洋务运动领袖。他镇压过太平天国运动、捻军起义，代表清政府签订了《马关条约》《辛丑条约》等一系列不平等条约。与曾国藩、张之洞、左宗棠并称为"中兴四大名臣"。

燃烧的血液

1938 年 10 月，广州沦陷，这意味着中国抗战大后方与外界的海上联系被日军切断。此时，中国沿海经济较发达地区悉数沦陷，尤其是上海、天津、青岛、广州、汉口等关区的沦陷，使中国关税收入损失至少在 70% 以上。为了支撑庞大的抗战军费和国家建设，国民党当局不得不广为培植税源，大后方的酒税就成为国家的倚重之一，而高粱也成为四川最重要的作物之一。

据统计，1938 年至 1944 年间，四川泸县年产高粱约 30 万石，年产酒约 1400 万斤；江津年产高粱 42 万石，年产酒 3200 万斤（《成渝路区之经济地理与经济建设》）。在犍为、绵竹等酒业发展迅速的地区，本地高粱的产量都不敷使用，还需要从邻近各县调剂。

为了确保酿酒糟房不停产或减产而导致税收下降，1942 年，当局甚至规定，酒商最低年产量不得低于 24000 斤。作为酿酒原料的高粱，也得到了政策倾斜，受到保护。即便是在 1942 年滇缅战役失利，大后方震动之际，四川省政府在发布禁止以粮食酿酒的政令中，还特地排除了高粱和青稞；1944 年初，四川省政府规定，在酒商的生产份额范围内，允许其储备所需数量的高粱，以便支持生产、充裕国库。1944 年，川酒产量达到了 22 万吨以上的巅峰。而在 20 世纪 40 年代，四川酒税一度占了全国酒税的 2/3，占全国货物税总预算的近四成。

不仅如此，这些为国家税收作出贡献的高粱，还直接参与到了国防动力酒精和医用酒精的产出中。

作为一个解放前石油自给率只占所需量 0.2% 的国家，自广州沦陷后，中国的液体燃料问题顿时凸显。1938 年，中国国产的汽油量，大约只能满足全年需求的 0.75%。从这一年的 5 月开始，国民党当局特设液体燃料管理委员会，并要求在汽油中掺入 20%—30% 的酒精，供汽车运输所用（《液体燃料管理规则》）。也正是在这一年的 9 月，四川内江建成四川酒精厂，开始投产军用和民用运输所需的酒精。

一方面，包括高粱、玉米、番薯、甘蔗在内的含糖作物，被调动起来生产酒精；另一方面，四川各地酿造的白酒也被各酒精厂收购，成为提炼

◎ 犁地

佚名。拍摄于 20 世纪初期。

高浓度酒精的原料。甚至有些酒精厂在情急之下，还自办糟房酿造土酒，用于提炼酒精。根据统计，到 1942 年时，四川省的酒精厂已有 115 家，抗战期间，全川生产的酒精共计 2180 万加仑。

从某种意义上说，在那个"地无分南北，人无分老幼，皆有守土抗战之责"的民族危难关头，中国军民每一颗射向侵略者的子弹里，也有来自高粱的一份功劳。

尾　声

直到 20 世纪 80 年代，随着中国人生活水平的提高，高粱的种植大面积缩减。2008 年，中国高粱创下了 49 万公顷播种面积的"新低"。曾经漫山遍野的红高粱，已经成为记忆中的画面。直到近年来，高粱的播种才又逐步回升，2019 年，中国高粱产量 350 万吨，特别是在四川等西南省份，高粱再次得到了大力推广。

当我们回溯着几个世纪以来，高粱在九州大地上的起起落落，永远不应该忘记的是，红彤彤的高粱，就像先辈们粗粝而顽强的生命力，在旱涝贫瘠的土地上，都在竭尽全力地生活着。有时，他们目光狡黠，在各种规则的缝隙中潜行，为了自己的小家选择着眼前最直接的利益；但当整个民族陷于危亡之时，他们又会挺直自己的脊梁，把自己瘦弱胸膛里最后一滴鲜红的热血，义无反顾地抛洒向大地，并坚信在未来的曙光里，后来者将植根在血沃的土壤中，结出沉甸甸、金灿灿的静好岁月。

土豆，既救不了大明，也救不了大清

　　土豆，这个如今中国人能变着法吃出各种花样的食物，总会背负一个沉重的假设。人们或会叹息一声，假如土豆这样的高产作物来得早一些、再早一些，或许那个大明王朝就能够扛过"小冰河期"带来的饥馑年了。

　　但历史终归不能假设。当我们翻阅故纸就会惊异地发现，尽管它早已出现在天子脚下，但那些居庙堂之高的人却抓不住这样的机会，任由它被遗忘在时间的尘土里，发不出生机勃勃的芽。

　　1629 年（明崇祯二年），因被诬告而处斩监候的宦官刘若愚，在幽囚的悲愤中，立志效法太史公著书，记叙自己在万历朝宫中数十年的见闻，以求自辩。回忆中，北京城里欢腾的日子也能让他偶感慰藉。特别是在宫中上元节灯市的时候，天下的繁华珍味集聚于内宫：

　　"辽东之松子，苏北之黄花、金针，都中之土药、土豆……不可胜数也"（明·刘若愚·《酌中志·饮食好尚纪略》）。即使天子脚下，京师之中，也能产出如土药、土豆这样的特产。

　　在遥远的关外辽东，万历皇帝所能享受到的珍味土豆，似乎也摆上了

210

宿敌努尔哈赤的餐桌。1626年（明天启六年，后金天命十一年）二月的一天中午，刚从宁远铩羽而归不久的努尔哈赤，享用了包括元汁土豆泥、牛肉土豆汤等24道餐点在内的一顿午餐（李寅·《清十二帝疑案》）。

土豆，这个如今人们熟悉得不能再熟悉的食物，在那个"小冰河期"带来的凛冽饥寒中陡然现身。数百年以后，后人或会叹息一声，假如土豆、玉米、番薯这些高产的作物来得早一些、再早一些，让它们有机会占领山岗与河谷，或许北方游牧民族的骑兵不会南下，或许西北的饥民能够活命，驿卒李自成或许就不会失业，大明王朝或许就能够扛过那个冰冷饥馑的年月。

然而神秘的是，土豆，或者说马铃薯，这个被寄予了厚望的神奇块茎，却一直以模糊的面目示人。在历史的长河里，它在明清交替之际的冰雪中，仿佛昙花一现，并不像玉米或番薯那样，从中土一落地就引起了关注和推广。而当它再次以"洋芋""阳芋"等洋身份，频繁地现身于中国各地地方志中时，却已经是近200年后的19世纪了。

土豆哪儿去了？

大明京师有土豆

万历年间，在大明京师中，一个年纪不小但官品不大的西城指挥使蒋一葵，每天下班之后最大的兴趣，就是在北京城里到处走访荒台断碑，翻阅稗官野史中有关北京的古迹、形胜、奇事。偶然间，他翻到了前人徐渭，也就是那位号称"东南第一幕僚"的徐文长，在京师逗留间留下的一首五言律诗《土豆》。

这位狷傲的才子在诗中留下一句"配茗人尤未"，似乎是在夸赞此物的珍贵，又似乎是在纾解自己的不得志。

蒋一葵后来在自己的笔记《长安客话》中记下了这种食物："土豆，绝似吴中落花生及香芋，亦似芋，而此差松甘。"（明·《长安客话》·《皇都

◈ 土豆

选自《梅园草木花谱》。

◈ 清 乾隆时期粉彩像生瓷果品盘

仿生盘中由螃蟹、核桃、红枣、荔枝、石榴、花生、莲子、菱角等组成。

杂记》）

这位京师中的蒋指挥使的记录和内宫中刘宦官的回忆，恰好交会在万历皇帝的年代，又和同样来自美洲大陆，并在早前传入中国长江中下游种植的落花生，也遥相呼应——它看起来，似乎能和我们今天吃的土豆产生一些联系。

厚此薯、薄彼薯的徐光启

就在大明江山已经进入倒计时的时候，文渊阁大学士、内阁次辅徐光启也记录下了"土豆"这个名词。1639 年（明崇祯十二年），徐光启辞世6 年后，他的门生陈子龙将他在万历年间写完的书稿修订付印，并定名为《农政全书》。书中，徐光启也留下一段简单的记录："土芋，一名土豆，一名黄独（即黄药、山慈姑），蔓生，叶如豆，根圆如鸡卵，肉白皮黄，可灰汁煮食，亦可蒸食。"（明·徐光启·《农政全书》）

徐光启在土豆身上投入的关注，却与同为从美洲舶来的番薯大相径

◎ 番薯

《本草图谱》，岩崎灌园著。

213

庭。对于番薯，徐光启在 1607 年（明万历三十五年）回乡丁忧守制，先后 3 年中不断进行引种试种，终于将番薯种植成功，并总结出了"传种""土宜""耕治""壅节""剪藤"等一整套栽培方法（明·徐光启·《甘薯疏》）。而对于土豆，徐光启却似乎只尝过它的味道。

它从哪里来，又是如何生根发芽的，没有人说得清。它如果真的是漂洋过海而来，为何却不像胡椒、番薯一样，从一开始就带着外来的印迹？为什么徐光启只试种番薯，却不种土豆，而且语焉不详？如果它是京师都城中的特产，那么，会不会是由朝贡而来，移植于皇家御苑，仅供内宫中享用呢？既然有这种作物，那些位居庙堂之高的人们，包括徐光启本人在内，为何抓不住这样的机会？

然而就在这时，中国人关于"土豆"的记载，似乎突然间中断了。

真的能怪"小冰期"？

饿肚子的大明：从"重农减征"到"竭农重征"

事实上，年轻的崇祯皇帝所要面对的敌人，不只是山海关外的女真人和西北"流寇"，更非日渐变冷的气候和蔓延的瘟疫。大明真正的敌人，就隐藏在这个看似庞大、实际上却动员乏力的帝国肌体内部。

明朝立国之初，洪、永、仁、宣立下"重农减征"之策，通过法令确保百姓归农复业，天下军、民皆事屯垦，因此大部分地区的农业生产迅速恢复。但是，在明太祖朱元璋造就的"洪武体制"之下，农业赋税是政府最为主要的财源，整个帝国从诞生之时起，就因为依赖小农经济，而带着"缺钱"的基因。及至明中期，全国纳税的土地，反过来被贵族大地主疯狂掠夺隐占，加上军费、宗禄以及泛滥的优免等支出，政府财政拮据到了可怕的地步，国库中钱粮最少时仅够数月之用。

自 1573 年（明万历元年）开始，内阁首辅张居正主导改革，推行"一条鞭法"，国家的财政收入才开始显著增加。随着张居正死去，好不容易归

◎ 《嘉禾图》轴

元佚名。古代以农业为主，稻生双穗，是一种祥瑞征兆，所以称为「嘉禾」，寓意丰收。

并的税种之外,各项杂费又如杂草一般"春风吹又生",农民的负担甚至上涨到比改革前更高的水平。随着内忧外患四起,明政府越来越走向"竭农重征"。

特别是在自明代初年就一直被克以重赋的江南,早在 1474 年(明成化十年)前后,在松江地区,由于农业赋税日渐沉重,人们或设法为吏,或者转行从事工商业,有 60%—70% 的人脱离了农业生产。少数仍然务农的老百姓,竟"身无完衣,腹无饱食"(明·何良俊·《四有斋丛说》)。这种被迫的商业化,又由于"重农抑商"的思想而缺乏制度性的支持与调控,不仅经济转型无力,连几千年来被视为国家根本的农政也几近荒芜。

1628 年(明崇祯元年),大明行人司行人马懋才,奉命入陕调查饥荒形势。由于从前一年开始持续大旱,当地草木枯焦,人们甚至"炊人骨以为薪,煮人肉以为食"。不甘心饿死的人开始抢掠,以求"得为饱鬼"。五月十八日,马懋才回京上报灾情时直言:"此盗之所以遍秦中也。"(明·马懋才·《备陈大饥疏》)

也正是在这一年,银川驿卒李自成,在精简驿站以节省财政开支的动荡中失业投军。次年冬,这支甘肃边兵在欠饷的怒火中杀官哗变。

过了 4 年,为国家耗尽最后一点心力的内阁次辅徐光启病逝于任上。土豆没能像番薯一样,在这位精晓农学的官员手中生根发芽。

崛起的后金:从粮食进口到粮食出口

而在关外,大明天子的敌人建州女真却早已今非昔比了,他们甚至已经变成了自己曾经并不以为然的样子。

1578 年(明万历六年)四月初七到七月初八的 3 个月间,建州女真人在部落首领"叫场"的率领下,带着大批的货物,从白山黑水间来到抚顺马市,和汉人互市交易多达 24 次。

在这 24 次交易中,除了女真人传统的人参、貂皮、豹皮、木耳、马匹之外,其中有 16 次带来了麻布,还有 7 次甚至带来了粮食,和关内的汉人达成了交易。从 1464 年(明天顺八年)抚顺马市开设,100 多年时间里,

◎ 努尔哈赤

清太祖爱新觉罗·努尔哈赤（1559—1626年），清朝的奠基人，于1616年（明万历四十四年）建立后金。
在位期间，发动对明朝的战争，攻下明朝辽东多座城市。其子皇太极建立清朝后，被尊为清太祖。

女真人已经从早前的以渔猎为主、稍事农业、在马市中需要向汉人购买粮食的民族，发展到了粮食和麻布能够自给之外，还对外出口的程度。

而这位建州女真的首领"叫场"，就是努尔哈赤的祖父、大明的建州左卫指挥使觉昌安。在他的交易商队里，很可能就有一个叫作努尔哈赤的女真小伙子。

5年之后（明万历十一年，1583年），觉昌安惨死于乱军之中，年仅25岁的努尔哈赤以"复仇"为名义，继承父祖的"遗甲十三副"起兵，开始了统一女真各部的事业。到1618年（明万历四十六年、后金天命三年）四月颁布"七大恨"，正式与明决裂。

1596年（明万历二十四年），朝鲜使臣申忠一出访建州女真，在他的目之所及之处，建州女真所有的土地都开垦了农田，甚至在高山之上也开垦了耕地（朝鲜·申忠一·《建州纪程围记》）。1615年（明万历四十三年），努尔哈赤已经开始谋划向关内用兵，命令各牛录每10人出牛4头开始屯田，并且造仓积粮。

相比晚明治下农政的不断荒废，努尔哈赤率领的建州女真反而更像一个农耕民族，将"以耕养战"放到了更高的地位。1621年（明万历四十九年、后金天命六年），努尔哈赤对新占领的辽东地区汉民颁布"计丁授田"，将关外的农业和农民捆绑上了南下的战车。

从这时起，关内外的力量对比已经彻底逆转。

土豆归来已姓"洋"

1650年（清顺治七年），荷兰人斯特儒斯乘船到访当时被荷兰占据之下的中国台湾，他注意到，荷兰人引进的土豆已经在台湾有种植。但由于殖民者和之后的郑氏集团统治期间，在海峡对面的浙闽地区，并没有留下记录这种作物种植的痕迹。在康乾年间，直隶京津地区的方志中，偶然有"土豆"或者"地豆"的身影。从19世纪开始，中国大陆各地的方志中，关于土豆的记载突然开枝散叶，在西南、西北、两湖等地区扩散开来。这时，它的身份变得有些"高大上"起来，有了"洋身份"。

清康熙皇帝题诗，焦秉贞绘图。《耕织图》是以江南农村农家耕种和纺织为题材的一套图册，完整地描述了粮食的生产过程以及养蚕纺织的一套流程，每一幅画都配有一首康熙皇帝御题的七言诗。《耕织图》有很多版本，样式也各不相同，印玺位置以及装帧手法都是不一样的。本图册描绘的是众多版式中的一种，《耕织图》中的耕图部分。

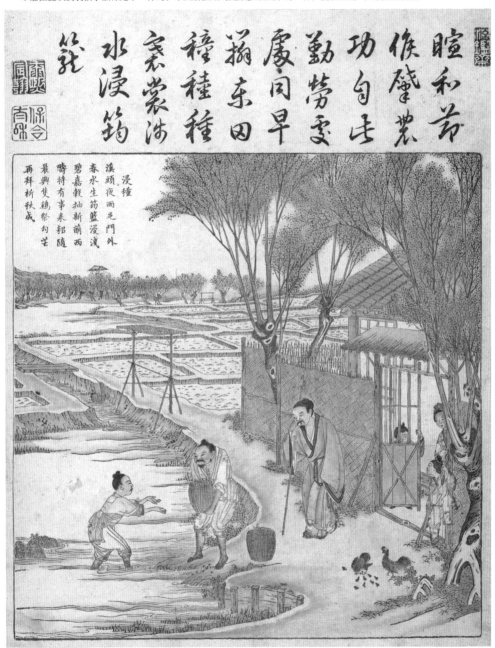

浸种

土膏初動，正春妻
晴野光，支筋孕
課耕辛，苦田家
惟稽事
陇迤时
驱此牛
孝

耕

東臯一犁雨
布穀初催耕
綠野暗春曉
烏犍苦肩赪
我衛勤農字
枕策東郊行
永懷歷山下
往事關聖情

耕

農宗布
種殖妻
宀宀甲坼
初萌景
可觀句
菩雲書
傳播穀
花間莫
作等閒
看

布秧

舊穀發新穎梅黃
雨生肥下田初播
殖却行手舊揮明
朝望平疇綠鍼刺
風漪審此一寸根
行作合穗期

布秧

青秧刺
水滿平
川稻種
西疇更
嚞然苗
序勃如
苗種迫
分秧須
及夏初
云

拔秧
新秋初出水湖
渺翠稊齊清晨
且拔濯父子爭
提携既沐青滿
握再攝根無泥
及時迸芒種散
著畦東西

拔秧

222

在四川城口厅（今重庆城口），1807—1808 年（清嘉庆十二年至十三年），洋芋开始出现在贫民的餐桌上（1844 年，《城口厅志》），江油、绥靖屯（今四川金川县）、石柱厅（今重庆石柱县）等四川各地，洋芋或者阳芋，出现得越来越频繁，而且特别是穷人"赖以为粮"（1885 年，《大宁县志》）、"全恃此矣"（1893 年，《奉节县志》）。在 19 世纪的贵州多地，洋芋或者阳芋也屡见不鲜。

在西北地区的陕西和山西，人们也记录了各种各样的洋芋引种来源：在山西，人们把它叫作"回回山药花白……近年始种"（清·祁隽藻·《马首农言》）；在陕西孝义厅（今陕西柞水），俗传是在嘉庆时，由驻兵陕西的名将杨遇春自西洋带回（1883 年，《孝义厅志》）。洋芋被人们种植在各处高山之上，"山民藉以济饥者甚众"（1829 年，《宁陕厅志》），或者五谷不继时的救荒之物。

1848 年（清道光二十八年），一个名叫吴其濬的官员，在他总督或巡抚湖南、湖北、云南、贵州、福建、山西等各省的宦游之路上，画下了中国第一幅土豆素描图。在他的描述中，这种作物能像番薯一样压茎种植，开紫花或白花，可以煨烤，可以做羹，味道比芋头甘甜，比番薯略淡，在陕西、山西、贵州、云南等地都有种植，而且已经是"疗饥救荒，贫民之储"（清·吴其濬·《植物名实图考》卷六"阳芋"）。

也就是说，在康乾人口快速增殖的时期，土豆其实并没有大规模地扩大它的领地，而是要到嘉庆、道光时期，数以亿计的人口，面对难以再扩大的耕种面积，才将土豆带往偏远的崇山峻岭播种，以求生存。

而这种作物在中国名称的变化，或许也正说明，19 世纪在中国传播的"洋芋"和大明京师出产的"土豆"，已经不是同一个栽培品种。

事实上，现代科学研究发现，欧洲人最早从美洲带回的土豆，被称为"安第斯亚种"，它原来生长在南美洲短日照和较冷凉的高原生态区，刚到欧洲时并不适应当地的环境。经过 100 年到 150 年的时间，欧洲的植物学家和园艺家选育出了早熟类型的普通栽培种，此后才普遍开始大田种植。而吴其濬笔下的"阳芋"，恰好符合欧洲人培育的普通栽培种特征。

认为土豆可以"疗饥救荒"的吴其濬可能并不知道，此时此刻，在地球的另一端，却有数百万人正在陷入由土豆引起的大饥荒中。

土豆不能救大明

一场土豆带来的大饥荒

1845 年，在爱尔兰岛的土地上，农田里的土豆叶子突然干枯成了褐色，地底的土豆块茎也开始凹陷。这种状况就像瘟疫一样蔓延开来，迅速席卷了爱尔兰。这一年，爱尔兰的土豆减产 1/3，次年更是甚至减产 2/3。

这个到 17 世纪还只有 50 万人口的贫穷小国，原先正是依赖着产量高、热量足的土豆，让人口增长到了 830 万人。到了 19 世纪，土豆几乎是爱尔兰人赖以维持生计的唯一主粮，这也导致土豆的减产就意味着史无前例的大饥荒的到来。

很多年以后，科学家们才证实，在 5 年的饥荒中，让爱尔兰人口锐减 1/4 的罪魁祸首，就是由致病疫霉带来的土豆晚疫病。土豆由薯块繁殖的便利性，同样也带来了致病疫霉的循环入侵。

那么，土豆如果真的能够早些在中国推广，又能否避免像爱尔兰大饥荒这样的惨剧发生呢？

和土豆一样"消失"百年的巨著

我们将时间再次拨回到 1587 年（明万历十五年）。

这个被黄仁宇称为一个"平淡无奇"的年份，大明最著名的清官海瑞在孤独中死去，一代抗倭英雄戚继光也走到了人生的尽头。这一年，远在江西的南昌府奉新县，大明重要阁臣宋景的家族迎来了一个新生儿宋应星。然而，这个自小过目不忘的小天才，在长大后却考运不佳，屡次落第，只能充任袁州府分宜县学教谕（负责教育生员的教师）。

也正是在分宜县任教的 4 年间，宋应星写成了 3 卷 18 篇的《天工开物》

（当然，在《天工开物·乃粒》篇中，同样没有记录土豆）。1637 年（明崇祯十年）五月，在同窗兼亲家涂绍煃的资助下，《天工开物》正式出版。这一年，朝鲜仁祖李倧向皇太极献降，而英国船队炮轰虎门炮台，大明这艘大船已然千疮百孔。

也正是在同一年的 6 月，在地球的另一端，欧洲近代哲学奠基人笛卡儿匿名出版了《科学中正确运用理性和追求真理的方法论》（简称方法论），在西方竖起了理性主义的旗帜。而宋应星的《天工开物》却在乱世中一路飘摇，到清朝乾隆年间《四库全书》编纂时，更是被束之高阁。

直到 1929 年，民国藏书家借助日本的旧刊本，才重新刊行了新版《天工开物》。这部集萃了农工实业精华的专著，在中国历史的字里行间，就这样凭空消失了 300 年。可以想见的是，土豆这种能够活民无算的作物，即使能够被宋应星了解到并记录下来，那么它也会随着《天工开物》的"被消失"，而被遗忘在记忆的尘土中。

土豆不能救大明，也救不了大清

从另一方面来说，《天工开物》的遭遇，实际上正反映出当时的中国对探索和应用科学技术的"选择性失明"。

从某种意义上说，这个民族走近晚明时分，至少在农业这个最重要的部门，已经陷入了技术发展停滞。"元代忽必烈所颁发之《农桑辑要》内中图释之农具，几个世纪之后再无增进"，"无意于节省劳动力和不注重以探索知识为其本身之目的，可能为停滞的原因"（黄仁宇·《中国大历史》）。

一个值得细细体味的细节是，即使是宋应星本人都曾认为，如果计算耕牛和草料的花费，还不如用人力来耕田更划算（明·宋应星·《天工开物》）。

而土豆的栽培恰好需要依赖农业技术的不断进步。土豆的物种特性决定了它的育种周期漫长而又艰难，薯块繁殖也很容易携带病害。在过去的

100多年间，尽管育种家选育了很多土豆抗病品种，但是一旦推广到大田生产，很多品种往往撑不过 5 年就会丧失抗病性。土豆的种植，就是要不断地通过选育，与品种退化作斗争。一直到 20 世纪 80 年代，全球还爆发过一次土豆晚疫病的世界级大流行。

尽管中国人的吃饭问题始终存在着巨大的压力，但土豆育种这件事，对于彼时的中国和中国人来说，实在是有些强人所难了。

研究中国科技史的英国专家李约瑟，曾在他的《中国科学技术史》中提出了一个著名的"李约瑟难题"："为什么直到中世纪中国还比欧洲先进，后来却会让欧洲人着了先机呢？怎么会产生这样的转变？"同在 1637 年出版的《天工开物》和《方法论》两本书不同的际遇，或许正是"李约瑟难题"的注脚之一。

而土豆在中国，也需要在《天工开物》被"开眼看世界"的人们搬回家之后，才能真正焕发出生命力。

从"开眼看世界"到"土豆革命"

一个改志愿的四川年轻人

1911 年，德国农业学者瓦格勒来到中国青岛。此后 3 年，作为农业讲师的他，带着来自 18 个省的中国学生，在德国领事署的协助下，赴中国各地农业区域进行调查。但他发现，土豆在中国的分布区域还很小，除了在租界的附近种植、以供欧洲人的需要之外，只有一些高山地带才形成了有经济价值的种植（德国·瓦格勒·《中国农书》）。

事实上，到了 1936 年，中国的土豆种植面积约 500 万亩，总产量也不过 2500 万公斤（唐启宇·中华农学会会报·第 164 期·1938 年）。

1932 年，一个名叫杨洪祖的 21 岁四川小伙子，考进了南京金陵大学理学院。由于希望改良家乡的柑橘品种，他选择转科到了园艺系。1936 年，杨洪祖顺利毕业，南京中央农业试验所农艺系管家骥博士，将这个有志青年推荐给了四川省稻麦改进所所长杨允奎。没想到，杨所长却指派杨洪祖去负责土豆和番薯的科研。

杨允奎的这个决定，或许正和管家骥博士的术业相关。1934 年，中国才真正开始有计划地进行土豆资源引进和品种改良工作。时任南京中央农业试验所农艺系技师的管家骥博士，从英、美等国引进土豆良种，和中国地方品种进行试验选种。

郁郁不得志的杨洪祖，在工作几个月后，就心生赴美深造的想法。此时，正好来到成都筹建农业改进所的著名水稻专家赵连芳得知了这个消息。在赵连芳的建议下，杨洪祖向美国明尼苏达大学研究生院提交了申请。而这所大学，正是以土豆育种而著称，他的导师是国际著名的遗传育种学家海斯博士，以及著名的土豆育种专家克兰茨博士。1939 年，在战火纷飞中，28 岁的杨洪祖学成，毅然从美国归来，回到大后方成都，从事土豆、番薯的相关研究。

这个川籍青年和他的老师们的经历，或许正是那个日寇入侵、灾害频繁的年月里，中国农业的一个侧影。管家骥博士、戴兹创（T.P.Dyksira）博士、杨洪祖……在这些中外农业科技专家的带领下，中国军民于抗战中生产自救，而土豆也在全国各地得到了大力扩种。

酝酿一场"革命"的第四大主粮

中华人民共和国成立之初，百废待兴之下，1950 年 2 月，农业部就制订了土豆的"五年普及良种计划"。同年，全国土豆种植面积达到了 2300 多万亩。而杨洪祖等众多农业专家也继续投入土豆的选种育种研究中。1952 年，在包括杨洪祖在内的众多科技人员的努力下，中国土豆栽培史上第一个对晚疫病表现免疫的优良品种"巫峡"选育成功。

当年那个因为被派去种土豆而闷闷不乐的年轻人杨洪祖，后来也被誉为"中国薯类作物育种的开拓者"。

自 2015 年起，我国农业部启动土豆主粮化战略，土豆成为稻米、小麦、玉米之外的第四大主粮作物。今天，中国已经是世界上排名第一的

《山庄秋稔图》轴

清 袁耀。画面描绘的是秋季庄稼成熟、山庄百姓男耕女织的场景。

土豆生产国。按照农业农村部《关于推进马铃薯产业开发的指导意见》提出，2020 年，土豆种植面积扩大到 1 亿亩以上，适宜主食加工的品种种植比例达到 30%，主食消费占土豆总消费量的 30%。为了打破土豆育种周期长、难度大的障碍，中国还发起了"优薯计划"，酝酿着一场真正的"土豆革命"。

尾　声

土豆，从初现明代京师，到消沉于乱世之中，又在清代以"洋名"重回中国，再到民族危亡之际成为自救的种子之一，而真正在这片土地上开枝散叶，还要等到民族的解放和科技的振兴。

故步于小农经济的自给自足，只会在世界发生巨大变革时手足无措。只囿于依赖有限的土地资源利用和劳动力的密集投入，而不是通过探索科学知识来提高生产效率，获得增长的新动力，纵然土豆已经降临在"小冰期"的中国大地，也无法从根本上扭转这个民族在 300 多年间积下的羸弱。

只有那些心怀家国天下的人们，和无数勤勤恳恳的中国农民一起，一代又一代砥砺前行，不断地发现、探索、实践，深埋在土地之下的小小块茎，才能真正地迸发出强劲的生命力，为这片土地上的人们带来生生不息的热量。

番薯竟让中国发现灭蝗秘籍

2020 年伊始，一场发端于东非的蝗虫灾害由西向东席卷而来，已使毗邻中国的巴基斯坦和印度严重受灾。尽管印度拉贾斯坦邦表示灾情已完全可控，但印政府仍发布预警称，2021 年 6 月可能出现更为严重的蝗灾。

而在中国，"蝗来鸭挡"作为一项独有的"战蝗"之策，为人津津乐道。巧合的是，这种妙法正是在番薯引种到中土时，在薯地里被第一次观察到和总结出的。人的生存与蝗虫的滋生，竟然存在某种必然的遥相呼应。

2000 年 6 月底的一天，浙江长兴县政协正召开常委会。会上，当时作为县政协常委的林城镇天平村养鸭大户杨大元，有些惊喜地提到，他养的 1 万只刚出生 45 天的鸭苗，前些天被装进箱笼，在杭州登上了飞机。它们此行的目的地是中国新疆。

就在这之前，新疆北部发生了特大蝗灾。除采取化学药物治理外，参与灭蝗的还有一群"生物部队"，它们之中包括粉红椋鸟，以及鸡和鸭。在这次灭蝗行动中，包括杨大元养的鸭子在内，浙江陆续分批调遣了 10 多次

"鸭兵"奔赴新疆。而这些年来赴疆枕戈待旦、抵御蝗虫的浙江"鸭兵",至少有数十万只。对于那次调兵遣将的直接对接人之一、浙江省农业科学院研究员卢立志来说,这是距今247年之前古人留下的智慧——1773年(清乾隆三十八年)的那个夏天,蝗蝻蚕害禾苗、赤地皆空的情景,让安徽芜湖一个小小的八品县丞陈九振,看在眼里,急在心里。他忽然想到,自己离家赴任之前父亲留给他的两个嘱托,一时计上心来。

以大名地区为"圆心"的蝗虫迁飞图

与2020年这次灾情不同的是,中国历史上面对的更多的是东亚飞蝗。"飞蝗遍野,食稼殆尽""大蝗,绝收,人相食,饿殍载道"等记录不绝于史。历史上中国的蝗祸几乎都发生在黄淮海平原的沿河之地,即黄河、海河、淮河的主要流域。

两汉时期受蝗灾较重的地区主要在今河南、河北、山东及山西等地,即所谓黄河流域的"濒河地区",其中以长安和洛阳受蝗虫破坏最多。魏晋南北朝时,飞蝗的活动区域有扩大之势,主要灾区仍在黄河流域,冀州成为此期蝗灾最活跃的地带。唐代河南道、河北道、关内道、河东道蝗灾多发,高发地带均处黄河沿岸。

水灾和旱灾交替,使沿河、滨海、河泛及内涝地区出现许多大面积的荒滩或抛荒地,黄河中下游的自然地理与旱涝无常的生态条件,适于蝗虫的繁衍生息,以致猖獗成祸。

而在这片广大地域的中心位置之一——河北大名地区,其县志的《祥异志》中,"河北蝗""河北大蝗""河南北部蝗"这样的字眼频繁出现。在整个中国封建时期和近现代,蝗灾的频发地区恰是一个以大名及周边地区为圆心,以500—600公里为半径画出的区域,北至京津,南过淮河,东起山东,西达山陕,涵盖了黄淮海流域。

尽管南方水田不像黄淮流域那样适宜蝗虫产卵,但是宋代之后,随着

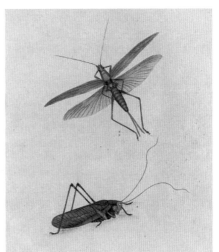

蝗虫

人口和经济中心的迁移、占城稻的引种，让大面积的一年两熟耕作制度得以推广，旱作面积也持续扩大，这就给蝗虫提供了合适的产卵场所与多种类的食物，长江以南地区的蝗祸也开始加重。

到了明清时期，无论是在东南的浙江、江西、安徽，还是中部的湖南、湖北，四川盆地、巴山秦岭所在的陕南地区，许多过去荒无人烟的山地深箐，逐渐为新来的移民开垦出来，蝗灾似乎也随着移民开垦的步伐，从东北到云贵高原和四川盆地，从东南沿海的江浙、闽台到西北的陕甘宁，再从北方的内蒙古到南方的海南岛，遍布中国大地。

就在中国人口增殖迁徙、种植业结构发生巨大变化，飞蝗也紧随人后、纷至沓来的农业环境演进中，一个传奇般的福建家族就此登场了。

绑在绞绳上跨海而来的番薯藤

1773 年（清乾隆三十八年），安徽芜湖，作为家族中的长子，陈九振离家赴任之前，得到了父亲的两个嘱托，一个是番薯，另一个则是鸭子。这也是这个家族留下的"祖训"。

家中的长者告诉陈九振，早在 180 多年前，家族的先祖、出身仕宦之家的福建长乐人士陈振龙，在一次又一次落第之后，终于被磨平了信心，登上了开往吕宋（即菲律宾）谋生的商船。

此时，正值隆庆开关（明隆庆元年，1567 年，隆庆皇帝宣布解除海禁，允许民间私人远贩东西二洋）不久，从中国到马尼拉的航海活动迅速发展起来，大量闽南人士在马尼拉与漳州的月港之间往来贸易，甚至不少人在马尼拉定居。几乎与此同时，从 1565 年（明嘉靖四十四年）开始，西班牙殖民者正式开辟了从墨西哥到菲律宾的帆船航线，其中一项重要的贸易，就是以墨西哥的银币换取中国的丝绸和瓷器。

就是在菲律宾谋生期间，陈振龙吃到了一个颜色金黄、口感甜糯的食物。而且，他还发现这种食物在当地种植很方便，产量也很高。这正是原本产于美洲的番薯（又名红薯、金薯、甘薯、地瓜、甜薯等）。

1492 年，带着西班牙女王给中国皇帝国书的意大利人哥伦布，在向西航行的大洋上发现了新大陆，从此无意之间开启了全球范围内爆炸性的生物大交换。1521 年，麦哲伦率领的西班牙船队在环球航行中抵达菲律宾。此后的岁月里，番薯也被欧洲人引种到了菲律宾。

出生于襟山带海、田不足耕作的福建，陈振龙当然很清楚自己和同乡们贩海为生的原因。于是，他开始思忖着如何将番薯带回故乡，但当地禁令不准番薯出境。1593 年（明万历二十一年）五月，在菲律宾熟悉了番薯

⊘ 《流民图》

明代 周臣绘。描绘的是明武宗朱厚照时期，苏州流离失所的百姓。

古深民圖為錢齊樂家藏之珍雖不
著作者姓名而筆意淳古神味渾穆
斷非宋元諸家所能彷彿余嘗見周
昉楊妃出浴圖陸探微東華訪道若
堪与州雁行其萬唐賢名跡殆可識況
紙如鏡光与鬢毫本適不相伴要屬清良
元為瑰寶

道光丁未十二月十四日羅大池題于宋懷齋

此卷道光庚寅深冬風卧見者咸嘆賞筆墨
之神究心蓬首垢面之歷年不售余辰賽金
諸慳欲者看看莲贈歸置諸案頭朝夕展觀

种植方法的陈振龙，将许多番薯藤缠绕在一根绞绳上，终于成功将番薯引渡回了家乡福建长乐。

陈振龙之子陈经纶，帮助父亲在自家附近的空地上，试着种下了这些番薯藤。不到4个月，番薯成熟，掘开土壤，成串的番薯甜得像梨和枣子一样。试种成功后，陈经纶将番薯呈报给福建巡抚金学曾，希望官府帮助推广。第二年（1594年，明万历二十二年），福建就遭遇了一场大旱灾，四处饥馑。金学曾经考察可行后，便下令在全省推广种植番薯，以济民救灾，并敦聘陈经纶为"门下士"，以协助推广。

不约而同的番薯引种者

事实上，到了明朝中后期，中国一些地区的人口已经相当稠密，尤其是东南沿海的人口压力十分显著。山多地少、米不敷食的生存环境下，浙、闽、粤沿海人民被迫泛海求生，甚至不惜踏上海上走私贸易之路，这也是人口增殖压力下的被动选择之一。

东南沿海人民远下南洋的浪潮中，也有不少有识之士，和陈振龙一样，见到了番薯这种新鲜的食物。广东吴川县（今吴川市）人林怀兰从交趾（今越南）带回番薯种，在广东试种成功；广东东莞县（今东莞市）人陈益，也是从交趾引回番薯试种，甚至将自己的墓地也选在番薯地旁。

而这些闽粤人士如星星之火一般的引种，很快就和一位科学天才的足迹交汇了。

1593年（明万历二十一年），已经31岁并且有了12年教龄的松江府秀才徐光启，受聘到广东韶州授课。在这个沿海通商之地，他结识了来自意大利的传教士朋友郭居静。也正是在和郭居静交往的过程中，科学的种子在这个儒家秀才的内心萌发了。

1607年（明万历三十五年），已经被授任翰林院检讨的徐光启，由于父亲去世回乡丁忧守制。次年，江南水灾尽淹大量稻麦良田，广大百姓面

◎ 徐光启

明代万历年间进士，官至礼部尚书、内阁次辅等职。学习过西方的天文、数学、测量等科学技术，积极推动中西文化交流。在农业方面著作甚多，如《农政全书》《甘薯疏》等。

临着饥荒的威胁。徐光启就想着应该种点什么，来为今后的救灾做预备。这时他想起了浙闽百姓在灾荒年间种植的番薯，便让门客找来番薯苗，先后 3 年中不断进行引种试种，最终在家乡引种成功（明·徐光启·《甘薯疏序》）。

试种番薯成功后，徐光启还总结出了"传种""土宜""耕治""壅节""剪藤"等一整套栽培方法。面对一个在历史的道路上缓慢前行的大帝国，这位学贯中西的科学先驱，谦卑而恳切地写下了自己的"迂腐"之论：如果大家致力于农作物的引种，那么国家就可以不必忧虑农业生产的不足，老百姓也不会在灾荒之年饿毙于道了。

美洲舶来的番薯，引来了蝗螟

就在万历年间如星星之火一般点亮的番薯引种之路上，陈振龙、陈经

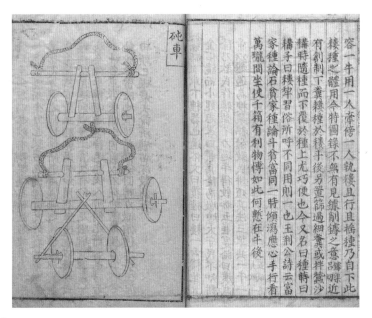

⊙ **砫车**

以圆石为轮的碾地农具。选自中国元代农学家王祯著作《农书》。

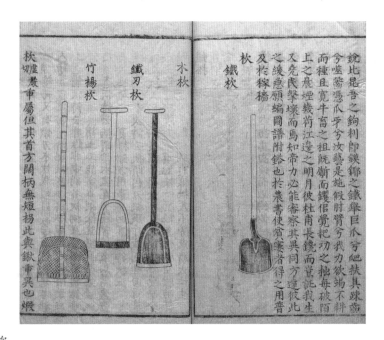

⊙ **杴**

通"锨"，一种似锹农具。铁杴，耕土；木杴，翻拌肥料或铲取谷物；竹扬杴，竹制，抛扬谷物。选自中国元代农学家王祯著作《农书》。

239

纶父子也以一片济民之心，立志将番薯引种到省外更广阔的地区。

1597 年（明万历二十五年），陈经纶正在游学江湖，教人种薯，没想到，迎头碰上了一场蝗灾。对于这种来自大洋彼岸的陌生植物，蝗虫的幼虫蝗蝻并不挑嘴，毫无顾忌地大口啃噬着薯叶。

正在陈经纶焦急间，一道道白色的身影俯冲而下，在蝗蝻群中争相啄食。他定睛一看，原来是一群白鹭。陈经纶大喜，想不到这种南方水鸟竟能消灭蝗蝻。但转念一想，白鹭很难驯养，他又陷入了苦思。

随之，陈经纶想到作为家禽的鸭子，也是陆居而水游，食性和鹭鸟类同，于是便找来几只雏鸭，尝试着放在田间。事遂人愿，这些嘴巴扁阔而肚肠宽大的鸭子，吃起蝗蝻来比鹭鸟还要迅捷（明·陈经纶·《治蝗笔记》）。他意识到，每年春夏之间，可以让农民放雏鸭来围剿蝗蝻，以消除蝗害隐患。

然而，因为这件事从前并没有人做过，陈经纶也有些惶惶不安，只是自己尝试了几次而没有推广。但是，对于番薯的推广却成为陈家的祖训，一代代子承父业，商农并举，传承下来。到清朝康熙初年，陈经纶之曾孙陈以柱由海路北上浙东鄞县（今宁波）经商，在一片盐碱地上试验引种番薯，不料竟"经秋成卵，大逾闽地"。

而时光再次拨回到 1773 年（清乾隆三十八年），那个小小的芜湖县丞陈九振，就是陈经纶的五世孙。此番去芜湖，他正是带着种薯、治蝗的责任。在他赴任之后不久，即迎来了一场捕蝗之役。

种薯治蝗人，最终殉于岗位上

尽管陈经纶以及几辈先人都没有推广，但陈九振决定采用"鸭兵捕蝗"的方法。于是，他按陈经纶的方法，嘱咐乡民准备雏鸭，开始从四面八方围捕蝗蝻。

果然，蝗蝻在鸭子的啄食下大大减少。陈九振很快被委任到含山（今

⊙ 《花卉昆虫图》

　　清 余省。画中主要绘有蜻蜓、蚂蚱、螳螂等昆虫。

⊙ 清 乾隆时期 缂丝《乾隆御制诗鹭立芦汀图》

　　北京故宫博物院藏。

241

安徽含山），并将以鸭啄蝗的方法，推行到其他州县，一时间，这一地区的蝗虫竟不为灾于民（陈九振·《治蝗序》）。

3 年（1776 年，清乾隆四十一年）之后，芜湖捕蝗的这一幕，被陈经纶的五世孙、陈九振的弟弟陈世元记录了下来，并总结出治蝗方法：当蝗蝻还没有变为成虫起飞之前，只要放几百只鸭子在田中，顷刻之间就能除尽蝗蝻（陈世元·《治蝗传习录》）。这可以说是中国历史上有明确记载的最早的一次大规模养鸭治蝗。

不仅是芜湖捕蝗之役，陈世元还记录了多种乾隆年间的治蝗方法，并且详细记录了我国养鸭治蝗这一技术发明和推广的经过。而且，陈世元发现，养鸭治蝗之所以在先祖陈经纶时没有推广，其原因之一，就是"闽省

◎ 蝗虫

蝗虫不太挑食，在野外草丛或者庄稼地里中，常看到它们在啃食植物。

无此蝗害，故是法不行"，而到了乾隆时期，蝗虫灾祸的阴云已经扩散到了长江以南。蝗害的向南扩散，也是由于人口增殖，对土地的农作物出产需求越来越大，从而导致环境破坏的表现之一。

除了总结这些治理蝗祸的经验方法之外，作为番薯引种者陈振龙的后裔，陈世元同样也身体力行地投入番薯的推广种植中。乾隆年间，胶东地区连年发生水旱蝗灾，为此，陈世元决定让番薯北上山东。1750 年（清乾隆十五年），他和同乡商人一起前往山东胶州试栽番薯，并同步治蝗，取得了成功，山东从此逐渐成为番薯种植大省。

除此，陈世元还让自己的 3 个儿子继续向河南、通州、顺天等地推广番薯种植技术。1768 年（清乾隆三十三年），陈世元汇辑陈家世代引种、推广番薯的经历、技术、注意事项、经验教训和推广效果详加记录，写成了上下两卷《金薯传习录》。

1786 年（清乾隆五十一年），清政府于河南推广番薯种植，年逾 80 的陈世元又带着孙辈前往教种。但因"感受风寒"，当年十月，陈世元在抵达河南后，旋即病故。听闻消息的乾隆皇帝，赏陈世元国子监学正职衔。

哪有岁月静好，只有守家护土的信念

事实上，自明万历起至清乾隆时，陈氏一族先后 7 代人，前赴后继地投入番薯的推广、蝗虫的治理中，也正暗合了中国自明代开始，多种新大陆农作物引种、土地开垦面积不断扩大、人口爆发式增长的周期。在陈世元病故 4 年后的 1790 年（清乾隆五十五年），中国人口突破 3 亿。

同样，在这个周期中，蝗虫灾害愈加剧烈：秦汉时期，蝗灾平均 8.8 年一次；而到了明清时期，加剧到平均 2.8 年发生一次。在清代，各种治蝗的农学专书多达 25 种以上。

甚至于，清政府的地方官员们之所以大力助推番薯引种，往往也是由于水旱蝗灾过境后，粮食紧缺。在人与自然的矛盾愈加凸显的周期里，人

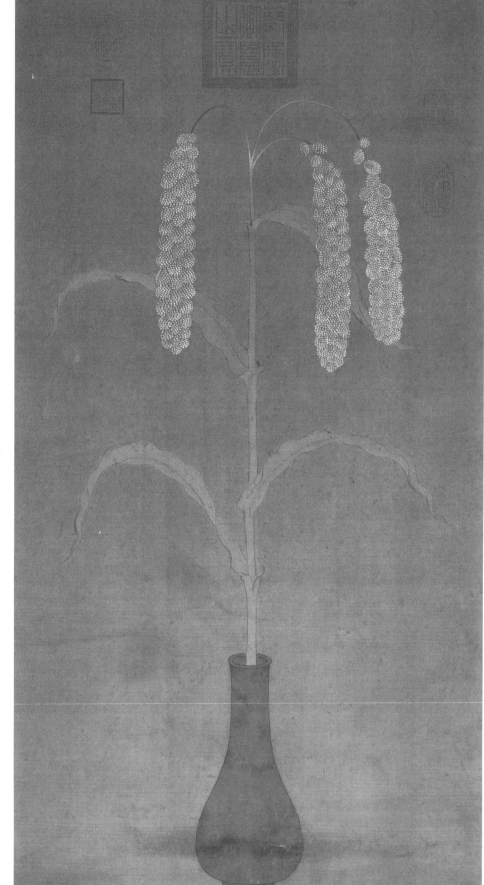

◎ 明人《丰稔图》

丰稔，富足的意思，寓意为期盼作物丰收。

的生存与蝗虫的滋生遥相呼应。从某种意义上说，这也就是为什么"养鸭治蝗"之法，正是在番薯地里被观察到和总结出的原因。

事实上，在长达数千年的中国农业史上，不仅仅是某一个或几个人、一个家族或一个政府作出了努力，各种外来农作物，总是有无数的中国农业技术专家去发现、尝试、总结和推广农业技法。对于处处与我们吃饱为敌的蝗虫，中国历史上如徐光启等农业技术专家们，更是总结了多种治蝗之法，如人工捕打法、篝火诱杀法、堑坎掩埋法、掘除虫卵法、天敌治蝗法、垦荒除蝗法、耕作（深埋）除蝗法、种植抗蝗农作物等。

中国人战蝗的历史从未停歇。中华人民共和国成立后，国外留学归来的马世骏和他的团队，通过研究揭示了飞蝗爆发的各种原因，明确了飞蝗次生型的演变规律及其演变的机制，并提出了"改治结合，根除蝗害"的策略。时至今日，也有许多人为治蝗而努力着。

蝗虫飞不过去的，不是喜马拉雅山脉和太平洋，而是这些中国人守护家园故土的信念。

参 考 文 献

1. 李根蟠. 中国农业史上的"多元交汇"——关于中国传统农业特点的再思考 [J]. 中国经济史研究, 1993 (01).

2. 徐旺生. 中国农业本土起源新论 [J]. 中国农史, 1994 (01).

3. 赵越云. 原始农业类型与中华早期文明研究 [D]. 咸阳: 西北农林科技大学, 2018.

4. 彭博. 中国早期稻作农业遗存及相关问题 [J]. 农业考古, 2016 (01).

5. 侯峰涛. 长江下游早期文明中断原因初探 [D]. 芜湖: 安徽师范大学, 2013.

6. 杨新改, 韩建业. 禹征三苗探索 [J]. 中原文物, 1995 (02).

7. 刘演, 李茂田, 孙千里, 陈中原. 中全新世以来杭州湾古气候、环境变迁及对良渚文化的可能影响 [J]. 湖泊科学, 2014, 26 (02).

8. 叶文宪. 距今4000年前后的文化断层现象和良渚文化的北迁及其归宿, 良渚文化探秘 [M]. 北京: 人民出版社, 2006年版.

9. 王心喜. 论生态环境对良渚文化兴衰的影响, 良渚文化探秘 [M]. 北京: 人民出版社, 2006.11.

10. 方酉生. 从良渚文化的衰落说到防风国及与夏王朝的关系, 良渚文化探秘 [M]. 北京: 人民出版社, 2006.11.

11. 葛剑雄. 中国人口发展史 [M]. 福州: 福建人民出版社, 1991

年版．

12. 韩茂莉．中国历史地理十五讲［M］．北京：北京大学出版社，2015 年版．

13. 钱穆．宋代兵役制度与国防弱点，中国历代政治得失［M］．北京：生活·读书·新知三联书店，2001 年版．

14. 李爱军．我国北宋时期占城稻的推广与发展［J］．河北科技师范学院学报，2004（02）．

15. 谷跃东．试论宋代占城稻在我国的推广与影响［J］．怀化学院学报，2015（04）．

16. 刘朴兵．从饮食文化的差异看唐宋社会变迁［J］．史学月刊，2012（09）．

17. 杨德忠．大汗的农事：农桑、耕织图与元代皇帝的角色认同［J］．美术研究，2018（06）．

18. 王思明，周红冰．中国食物变迁之动因分析——以农业发展为视角［J］．江苏社会科学，2019（04）．

19. 刘海峰．科举取才中的南北地域之争［J］．中国历史地理论丛，1997（01）．

20. 许倬云．西周史［M］．北京：生活·读书·新知三联书店，1993 年版．

21. 胡厚宣，胡振宇．殷商史［M］．上海：上海人民出版社，2019 年版．

22. 于省吾．商代的谷类作物［J］．东北人民大学人文科学学报，1957（01）．

23. 韩茂莉．粟稷同物异名探源［J］．中国农史，2013（04）．

24. 秦永艳．商代的农业及其社会影响［D］．郑州：郑州大学，2003.

25. 吴燕．甲骨文"黍"字考［J］．东南大学学报，2009（11）．

26. 何红中．全球视野下的粟黍起源及传播探索［J］．中国农史，2014（02）．

27. 陈旭. 商代农耕与农业生产状况 [J]. 郑州大学学报, 1982 (03).

28. 王星光. 商代的生态环境与农业发展 [J]. 中原文物, 2008 (05).

29. 张军涛. 商代中原地区农业研究 [D]. 郑州: 郑州大学, 2016.

30. 刘小葶. 从殷墟卜辞中的祭祀方式变化看商代祖神观念 [J]. 中原文物, 2009 (02).

31. 樊志民. 秦农业历史研究 [M]. 西安: 三秦出版社, 1997 年版.

32. 蔡万进. 秦国粮食经济研究 [M]. 呼和浩特: 内蒙古人民出版社, 1996 年版.

33. 凌雪. 秦人食谱研究 [D]. 西安: 西北大学, 2010.

34. 王勇. 从秦简看战国晚期秦国农业生产的技术选择 [J]. 湖南大学学报, 2009 (02).

35. 芦宁. 先秦两汉黄河流域粟与小麦地位变化研究 [D]. 开封: 河南大学, 2015.

36. 李春艳. 秦统一前关中农业发展简况及原因探析 [J]. 宝鸡文理学院学报, 2009 (06).

37. 汪茉莉, 陈金凤. 论秦国粮食安全的几个问题 [J]. 咸阳师范学院学报, 2010 (01).

38. 刘书增, 吕庙军. 先秦时期赵国农业发展政策与魏国、秦国之比较 [J]. 邯郸学院学报, 2012 (01).

39. 荆峰, 惠富平. 汉代黄河流域麦作发展的环境因素与技术影响 [J]. 中国历史地理论丛, 2007 (04).

40. 丁文广, 牛贺文, 仙昀让, 吴洋. 甘肃干旱区土地利用历史研究 [J]. 干旱区资源与环境, 2012 (02).

41. 林剑鸣. 秦汉史 [M]. 上海: 上海人民出版社, 2003 年版.

42. [美] 许倬云. 汉代农业 [M]. 南京: 江苏人民出版社, 2012 年版.

43. 宁可. 有关汉代农业生产的几个数字 [J]. 北京师院学报, 1980

（03）.

44. 李成，朱歌敏，凌雪 . 论两汉时期中国北方小麦种植的发展［J］. 西北大学学报，2016（06）.

45. 彭卫 . 关于小麦在汉代推广的再探讨［J］. 中国经济史研究，2010（04）.

46. 惠富平 . 汉代麦作推广因素探讨——以东海郡与关中地区为例［J］. 南京农业大学学报，2001（04）.

47. ［英］弗·布雷 . 中国汉代农业技术和农业变革［J］. 农业考古，1982（02）.

48. 李荣华，樊志民 . "植之秦中，渐及东土"：丝绸之路纬度同质性与域外农作物的引进［J］. 中国农史，2017（06）.

49. 张连杰 . 论张骞出使西域与丝绸之路相关联的几个问题［J］. 渭南师范学院学报，2018（13）.

50. 韩茂莉 . 论历史时期冬小麦种植空间扩展的地理基础与社会环境 .《历史地理》第二十七辑［M］. 上海：上海人民出版社，2013年版 .

51. 李成 . 黄河流域史前至两汉小麦种植与推广研究［D］. 西安：西北大学，2014.

52. 杨一民 . 汉代豪强经济的历史地位［J］. 历史研究，1983（05）.

53. 卫斯 . 我国汉代大面积种植小麦的历史考证［J］. 中国农史，1988（04）.

54. 包艳杰 .《四民月令》中的农事活动研究［D］. 南京：南京农业大学，2010.

55. 曾雄生 . 麦子在中国的本土化历程——从粮食作物结构的演变看原始农业对中华文明的影响 . 会议论文，2001.

56. 李文涛 . 北朝农作物种植结构的变化对府兵制形成的影响［J］. 南阳师范学院学报，2012（02）.

57. 李文涛 . 唐代关中地区冬小麦种植的扩张与府兵消亡关系探微［J］. 南都论坛（人文社会科学学报），2014（04）.

58. 马春华. 唐代折冲府数目及分布问题研究 [D]. 北京: 中央民族大学, 2007.

59. 华林甫. 唐代粟、麦生产的地域布局初探 [J]. 中国农史, 1990 (02).

60. 林立平. 唐代主粮生产的轮作复种制 [J]. 暨南学报 (哲学社会科学), 1984 (01).

61. 王颜. 论唐代关中地区农业开发与生态环境的关系 [J]. 咸阳师范学院学报, 2014 (05).

62. 刘朴兵. 从饮食文化的差异看唐宋社会变迁 [J]. 史学月刊, 2012 (09).

63. 李令福. 关中两千年水利之兴衰, 新浪财经, http://finance.sina.com.cn/roll/20120917/005913152239.shtml. 2012-09-17.

64. 顾德融, 朱顺龙. 春秋史 [M]. 上海: 上海人民出版社, 2003 年版.

65. 杨宽. 战国史 [M]. 上海: 上海人民出版社, 2003 年版.

66. 焦培民. 先秦人口研究 [D]. 郑州: 郑州大学, 2007.

67. 石慧, 王思明. 大豆在中国的历史变迁及其动因探究 [J]. 农业考古, 2019 (03).

68. 肖帅. 试析东周时期饮食结构的演变 [D]. 大连: 辽宁师范大学, 2019.

69. 刘兴林. 先秦两汉农业发展过程中的作物选择 [J]. 农业考古, 2016 (03).

70. 刘书增. 先秦时期赵国农业发展政策与魏国、秦国之比较 [J]. 邯郸学院学报, 2012 (01).

71. 刘磐修. 两汉魏晋南北朝时期的大豆生产和地域分布 [J]. 中国农史, 2000 (01).

72. [美] 何炳棣. 明初以降人口及其相关问题 1368—1953 [M]. 葛剑雄译, 北京: 生活·读书·新知三联书店, 2000 年版.

73. 韩茂莉. 近五百年来玉米在中国境内的传播 [J]. 中国文化研究, 2007 (01).

74. 陈亚平. 玉米与明清的移民开发 [J]. 读书, 2003 (01).

75. 刘金源. 农业革命与 18 世纪英国经济转型 [J]. 中国农史, 2014 (01).

76. 胡雪梅. 近代中国大豆出口贸易述论 [D]. 大连: 辽宁师范大学, 2003.

77. 于春英, 张立彬. 清末民国时期东北地区粮食种植结构与布局的变迁 [J]. 历史教学 (下半月刊), 2010 (02).

78. 卫斯. 试探我国高粱栽培的起源 [J]. 中国农史, 1984 (02).

79. 赵利杰. 试论高粱传入中国的时间、路径及初步推广 [J]. 中国农史, 2019 (01).

80. 殷志华, 惠富平. 古代高粱种植及加工利用研究 [J]. 干旱区资源与环境, 2012 (02).

81. 范文来. 我国古代烧酒 (白酒) 起源与技术演变 [J]. 酿酒, 2020 (04).

82. 陈兆肆. 乾隆初期 "禁酒令" 的讨论与颁行 [J]. 清史参考, 2009 (48).

83. 牛贯杰, 王江. 论清代烧锅政策的演变 [J]. 历史档案, 2002 (04).

84. 肖俊生. 晚清酒税政策的演变论析 [J]. 社会科学辑刊, 2008 (03).

85. 李令福. 明清山东粮食作物结构的时空特征 [J]. 中国历史地理论丛, 1994 (01).

86. 黄玉玺, 李军. 自然与社会双重选择: 清代直隶粮食种植结构变迁 [J]. 兰州学刊, 2019 (03).

87. 肖俊生. 民国四川传统酿酒业与粮食生产的相依关系 [J]. 天府新论, 2008 (03).

88. 刘春. 论抗战时期四川酒精业在公路运输中的作用 [J]. 江汉论坛, 2010（01）.

89. ［美］何炳棣. 美洲作物的引进、传播及其对中国粮食生产的影响 [J]. 世界农业, 1979（04）.

90. 郑南. 美洲原产作物的传入及其对中国社会影响问题的研究 [D]. 杭州：浙江大学, 2009.

91. 佟屏亚. 中国马铃薯栽培史 [J]. 中国科技史料, 1990（01）.

92. 谷茂, 信乃诠. 中国栽培马铃薯最早引种时间之辨析 [J]. 中国农史, 1999（03）.

93. 陈志刚. 从"重农减征"到竭农重征——对明代农业政策运行的系统性反思 [J]. 社会科学辑刊, 2009（06）.

94. 杨余练. 明代后期的辽东马市与女真族的兴起 [J]. 民族研究, 1980（05）.

95. 栾凡. 明代女真族的农耕经济状况刍议 [J]. 黑龙江民族丛刊, 2000（01）.

96. 张钱, 翁丹妮. 二十年前浙江三万鸭军坐飞机到新疆灭蝗 [N]. 都市快报, 2020-02-17（B02）.

97. 郑云飞. 中国历史上的蝗灾分析 [J]. 中国农史, 1990（04）.

98. 程佩. 中国古代蝗灾述论——从对《大名县志·祥异志》的研究看中国历史上蝗灾的若干特点 [J]. 邯郸学院学报, 2009（03）.

99. 沈晓昆, 戴网成. 养鸭治虫史新考 [J]. 农业考古, 2008（01）.

100. 闵宗殿. 养鸭治虫与《治蝗传习录》[J]. 农业考古, 1981（01）.

101. 姜纬堂. 乾隆推广番薯——兼说陈世元晚年之贡献 [J]. 古今农业, 1993（04）.